Schnelleinstieg in SAP®

(2., erweiterte Auflage)

Sydnie McConnell
Martin Munzel

Willkommen bei Espresso Tutorials!

Unser Ziel ist es, SAP-Wissen wie einen Espresso zu servieren: Auf das Wesentliche verdichtete Informationen anstelle langatmiger Kompendien – für ein effektives Lernen an konkreten Fallbeispielen. Viele unserer Bücher enthalten zusätzlich Videos, mit denen Sie Schritt für Schritt die vermittelten Inhalte nachvollziehen können. Besuchen Sie unseren YouTube-Kanal mit einer umfangreichen Auswahl frei zugänglicher Videos:

https://www.youtube.com/user/EspressoTutorials.

Kennen Sie schon unser Forum? Hier erhalten Sie stets aktuelle Informationen zu Entwicklungen der SAP-Software, Hilfe zu Ihren Fragen und die Gelegenheit, mit anderen Anwendern zu diskutieren:

http://www.fico-forum.de.

Bibliografische Information der Deutschen Bibliothek
Die Deutsche Bibliothek verzeichnet diese Publikation in der Deutschen Nationalbibliografie; detaillierte bibliografische Daten sind im Internet über http://dnb.ddb.de abrufbar.

Sydnie McConnell, Martin Munzel
Schnelleinstieg in SAP® (2., erweiterte Auflage)

ISBN: 978-3-960121-30-5

Übersetzung: Tanja Scheuermann

Coverdesign: Philip Esch

Coverfoto: istockphoto # 15939021 © Jacob Wackerhausen

Satz & Layout: Johann-Christian Hanke

Audiokommentare: Anja Achilles

2. Aufl. 2017, Gleichen

URL: *www.espresso-tutorials.de*

Feedback:
Wir freuen uns über Fragen und Anmerkungen jeglicher Art. Bitte senden Sie diese an: *info@espresso-tutorials.com*.

Inhaltsverzeichnis

Vorwort

Dies ist das erste in einer Reihe von Einführungsbüchern zur SAP-Software. Wir bei Espresso Tutorials glauben, dass Bücher über SAP-Software hochverdichtete Informationen enthalten und praxisnah sein sollten, damit unsere Leser schnell das Thema erfassen und die Grundzüge des behandelten Inhalts verstehen. Weitere Informationen zu allen Titeln der Reihe »Schnelleinstieg« erhalten Sie auf unserer Website *www.espresso-tutorials.de*.

SAP SE ist einer der erfolgreichsten Software-Anbieter weltweit. Dessen bekanntestes und am weitesten verbreitetes Softwareprodukt ist SAP ERP (SAP Enterprise Resource Planning), das wir Ihnen in diesem Buch vorstellen werden. SAP ist jedoch mehr als ERP – daher werden wir Ihnen auch weitere Produkte des SAP-Portfolios näherbringen.

»Schnelleinstieg in SAP« ist hilfreich für Sie, wenn Sie SAP noch nicht kennen: als Anwender, Student oder Mitarbeiter eines Unternehmens, das SAP gerade einführt. Es sind keinerlei Vorkenntnisse erforderlich! Wir erklären Ihnen von Grund auf, worum es bei SAP geht. Und selbst wenn Sie bereits mit SAP ERP vertraut sind, haben Sie vielleicht ein Interesse daran, mehr über all die anderen verfügbaren SAP-Softwarepakete zu erfahren.

In Kapitel 1 vermitteln wir Ihnen die Grundlagen von ERP-Systemen im Allgemeinen und sehen uns die Geschichte der SAP als Unternehmen an. In Kapitel 2 machen wir Sie mit den Grundzügen des SAP-ERP-Systems vertraut, und Sie haben Gelegenheit, anhand von Videos das optische Erscheinungsbild der Software kennenzulernen. In Kapitel 3 sehen wir uns das übrige SAP-Produktportfolio an. Hier erfahren Sie mehr über die anderen Systeme, die Bestandteil der Business Suite sind, und lernen HANA kennen, die neue, leistungsstarke Datenbank von SAP.

Persönliche Widmungen

Sydnie McConnell: Vielen herzlichen Dank an meine wunderbare Familie und an meine Kollegen, dass ihr so geduldig wart und mich während der Arbeit an diesem Buch so unterstützt habt. An das großartige Team von Espresso Tutorials – vielen Dank für die freundliche Aufnahme und die Ermutigung zu diesem Vorhaben.

Martin Munzel: Dies ist die zweite Ausgabe eines der ersten Bücher des Espresso-Tutorials-Portfolios. Ich möchte dem gesamten Team von Espresso Tutorials für die Zusammenarbeit danken, durch die wir so weit gekommen sind. Die vergangenen fünf Jahre waren sehr spannend, und ich freue mich darauf, dass noch viele weitere Jahre folgen werden.

Ich bedanke mich außerdem bei Robert Neue dafür, dass er mir Abbildungen zu SAP Screen Personas zur Verfügung gestellt hat. Herzlichen Dank auch an Sebastian Gerber für die Screenshots zu Business One!

Ich möchte dieses Buch meinem 12 Jahre alten Sohn Vincent widmen, da er mir eine gute Orientierung bietet. Als ich mich in unserem letzten Urlaub darüber beschwerte, dass ich so viel gearbeitet und eine Auszeit verdient hätte, meinte er nur: »Ach Papa, du arbeitest doch gar nicht! Du sitzt doch nur an deinem Schreibtisch und tippst an deinem Computer herum.«

Im Text verwenden wir Kästen, um wichtige Informationen besonders hervorzuheben. Jeder Kasten ist zusätzlich mit einem Piktogramm versehen, das diesen genauer klassifiziert:

Hinweis

Hinweise bieten praktische Tipps zum Umgang mit dem jeweiligen Thema.

Beispiel

Beispiele dienen dazu, ein Thema besser zu illustrieren.

Achtung

Warnungen weisen auf mögliche Fehlerquellen oder Stolpersteine im Zusammenhang mit einem Thema hin.

Video

Schauen Sie sich ein Video zum jeweiligen Thema an.

Zum Abschluss des Vorwortes noch ein Hinweis zum Urheberrecht: Sämtliche in diesem Buch abgedruckten Screenshots unterliegen dem Copyright der SAP SE. Alle Rechte an den Screenshots hält die SAP SE. Der Einfachheit halber haben wir im Rest des Buches darauf verzichtet, dies unter jedem Screenshot gesondert auszuweisen.

1 Einführung in SAP und in ERP-Standardsoftware

In diesem Kapitel erfahren Sie zunächst, was die drei Buchstaben »SAP« bedeuten, was ein ERP-Softwaresystem überhaupt ist und wozu es verwendet wird. Danach betrachten wir die Geschichte der SAP sowie deren Softwaresysteme und analysieren die Vor- und Nachteile, die ERP-Standardsoftware mit sich bringt.

1.1 Was ist ein ERP-System?

SAP ist das größte europäische Softwareunternehmen und hat seinen Sitz im badischen Walldorf. Die Abkürzung »SAP« steht für »Systeme, Anwendungen und Produkte in der Datenverarbeitung«, und das bekannteste (und erfolgreichste) SAP-Produkt ist SAP ERP (»ERP« ist die Abkürzung für »Enterprise Resource Planning«). Bei einem *ERP-System* handelt es sich um ein Softwaresystem, das alle betrieblichen Funktionen abdeckt, die in der Regel in einem großen oder mittelständischen Unternehmen zu finden sind, z. B.:

- Finanzwesen (externes Berichtswesen),
- Controlling (internes Rechnungswesen),
- Materialwirtschaft (Einkauf, Lagerverwaltung, Eingangslogistik),
- Vertrieb (Angebote, Kundenaufträge, Versand, Fakturierung),
- Produktionsplanung,
- Personalwirtschaft.

Die Funktionalität zur Unterstützung einer der genannten betrieblichen Funktionen wird in SAP ERP als *Modul* bezeichnet. In der SAP-Software sind sämtliche Module eng miteinander verflochten, sodass sich alle in einem Modul ausgeführten Transaktionen automatisch auf andere, damit verbundene Module auswirken.

Integration zwischen den SAP-Modulen

Beim Versand von Waren an den Kunden wird im System die Bestandsmenge im Modul Materialwirtschaft verringert und gleichzeitig der Kontensaldo im Finanzwesen angepasst.

Zu den wichtigsten Funktionen, die ein integriertes ERP-System wie SAP ERP ausmachen, zählen:

- **Vollständigkeit**: Alle grundlegenden, in einem Unternehmen erforderlichen Funktionen sind in einem einzigen Softwarepaket verfügbar.
- **Echtzeitverarbeitung**: Die einzelnen Transaktionen im System werden in Echtzeit ausgeführt, damit sich Benutzer immer auf exakte und rechtzeitige Informationen verlassen können.
- **Integration**: Alle Module sind eng miteinander verknüpft, damit dieselben Informationen nicht mehrmals erfasst werden müssen. Werden beispielsweise Waren an einen Kunden versandt, wird diese Information sowohl im Modul Materialwirtschaft als auch im Modul Finanzwesen zur gleichen Zeit aktualisiert. Zudem werden allgemeine Informationen über den Kunden (Kundennummer, Adresse, Kontaktdaten) nur einmal im System gespeichert, die dann für den Vertrieb sowie für die Buchhaltung zur Verfügung stehen.
- **Nahtloser Datenfluss**: Aufgrund der Integrationsmöglichkeit sind zwischen den einzelnen Modulen keine Softwareschnittstellen erforderlich. Eine Schnittstelle verursacht in der Regel zusätzlichen Wartungsaufwand und damit höhere Kosten.
- **Standardisierung**: SAP ERP ist ein allgemeines Softwarepaket, das in verschiedenen Branchen, z. B. in der Industrie, im Einzelhandel oder im Bankwesen eingesetzt werden kann. Die Systemfunktionen können durch Konfiguration an die individu-

ellen Anforderungen der jeweiligen Unternehmen angepasst werden, wofür es gewöhnlich keiner Programmierkenntnisse bedarf.

1.2 Die Geschichte der SAP in Kürze

Die Idee und das Konzept eines integrierten und standardisierten ERP-Systems wurde von den SAP-Gründern in den späten 1960er- und den 1970er-Jahren entwickelt. Zu diesem Zeitpunkt wurden für die Datenverarbeitung in Unternehmen gewaltige Großrechner eingesetzt, die sehr teuer und nicht gerade flexibel waren. Unternehmen, die einen Großrechner nutzten, mussten ihre eigene Software erstellen, um ihre Geschäftsprozesse zu unterstützen. Das bedeutete, dass sie entweder interne Programmierer für die Entwicklung und Wartung der Software beschäftigen mussten, oder sie kauften diese Dienstleistungen von externen Softwareunternehmen ein.

Ein weiteres Manko der Großrechner der 1960er- und 1970er-Jahre stellte die Benutzeroberfläche dar. Anstelle einer Tastatur und eines Monitors mussten Programmierer die Computer mit Stapeln von Lochkarten füttern, die den Programmcode enthielten. Die Computer verarbeiteten diese Programme gemächlich der Reihe nach und gaben irgendwann die Ergebnisse aus. Dieses Verfahren der sequenziellen Ausführung von Programmen wird auch als *Stapelverarbeitung* bezeichnet.

Zu dieser Zeit arbeiteten Claus Wellenreuther, Hans-Werner Hector, Klaus Tschira, Dietmar Hopp und Hasso Plattner für IBM und entwickelten in der oben beschriebenen Weise betriebswirtschaftliche Software für Kunden. Sie waren der Überzeugung, dass die meisten Bestandteile der Softwaresysteme, die sie für unterschiedliche Kunden entwickelten, in gewisser Weise standardisiert werden konnten, sodass die Software von verschiedenen Unternehmen verwendet werden könnte, ohne jeweils neu entwickelt werden zu müssen. Zudem wollten sie von der Stapelverarbeitung weg, hin zur Echtzeitverarbeitung, bei der mehrere Transaktionen gleichzeitig und wesentlich schneller als in der Stapelverarbeitung verarbeitet werden konnten. 1972 kündigten sie ihre Arbeitsstellen und gründeten, um ihre Idee zu verfolgen, ihr eigenes Unternehmen: SAP. Das erste Programm, das sie entwickelten, wurde »R/1« genannt – das »R« steht für »real-time« (Echtzeit) – und kam bei verschiedenen Kunden zum Einsatz. Mit der zweiten Generation von SAP-Software, die 1979 veröffentlicht wurde, »R/2«, begann das Unternehmen, kontinuierlich zu wachsen und erreichte 1981 die Marke von 200 Kunden.

Den Durchbruch erlebte SAP 1993 mit der Veröffentlichung von R/3. Dieses System basierte nicht mehr auf Großrechnern, sondern wurde in einer sogenannten Client/Server-Architektur ausgeführt. In einem Client/Server-Szenario wird ein Informationssystem auf mehreren kleineren Computern ausgeführt, die deutlich günstiger sind als ein Großrechner. Das bedeutete, dass die zum Betrieb eines ERP-Systems erforderliche Computerhardware plötzlich für eine wesentlich größere Anzahl von Unternehmen erschwinglich wurde. Bis zu diesem Zeitpunkt verfügten nur große Unternehmen über ausreichende Mittel, um ein Großrechnersystem zu unterhalten, doch nun stand Computertechnologie quasi jedem Betrieb offen. SAP R/3 kam genau zur richtigen Zeit auf den Markt, um diesem neuen Trend zu folgen, und wurde äußerst erfolgreich. Zwischen 1990 und 2000 kletterte der Jahreserlös der SAP AG von 255 Millionen Euro auf 6,2 Milliarden Euro. Im selben Zeitraum stieg die Mitarbeiterzahl sprunghaft von etwas mehr als 2.000 auf 24.000 an (siehe *https://www.sap.com/corporate/de/company/history.1991-2000.html*).

SAP R/3 besteht aus einer zentralen Datenbank, in der die für die Ausführung der Software benötigten Programme sowie alle betriebswirtschaftlichen Daten gespeichert sind (in Abbildung 1.1 ist die modulare Struktur von SAP R/3 dargestellt). Alle Programme sind in *ABAP* (Advanced Business Application Programming) geschrieben, einer von SAP entwickelten Programmiersprache. Genügt der Standardfunktionsumfang des SAP-Systems den Kundenanforderungen nicht, so ist es möglich, Funktionen anzupassen oder hinzuzufügen, indem eigene, in ABAP geschriebene Programme erstellt werden.

Das Client/Server-basierte System SAP R/3 wurde 2003 in SAP ERP umgewandelt. SAP ERP bietet weitgehend die gleichen betriebswirtschaftlichen Funktionen wie SAP R/3, es basiert jedoch auf einer flexibleren technologischen Plattform. Diese Plattform heißt *SAP NetWeaver* und stellt das technische Backbone dar, anhand dessen Kunden ihre SAP-Systeme mit einer Vielzahl von unterschiedlichen Systemen anbinden können; dies müssen nicht zwangsläufig SAP-Systeme sein. Die grundsätzliche Architektur von SAP NetWeaver ist in Abbildung 1.2 dargestellt.

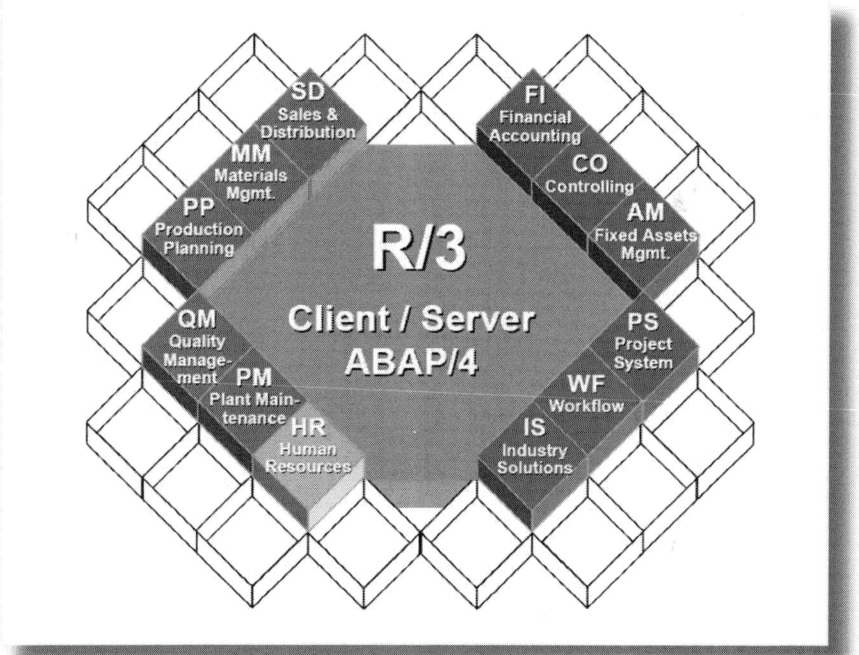

Abbildung 1.1: Die modulare Struktur von SAP R/3

SAP Business Warehouse (SAP BW) ist beispielsweise ein SAP-Produkt, mit dem sich flexible und detaillierte Analyseberichte erstellen lassen, und mit dem Informationen aus allen SAP-ERP-Modulen miteinander in Beziehung gesetzt werden können. Außerdem kann es Daten aus mehreren SAP-ERP-Systemen oder auch Nicht-SAP-Systemen sammeln. SAP NetWeaver bildet die technologische Grundlage, mit deren Hilfe sich alle Systeme miteinander verbinden lassen.

Ein weiteres Beispiel ist die SAP Mobile Infrastructure, die das Senden von Daten aus ERP-Systemen, die über SAP NetWeaver miteinander verbunden sind, an mobile Geräte wie Smartphones oder Tablet-Computer ermöglicht.

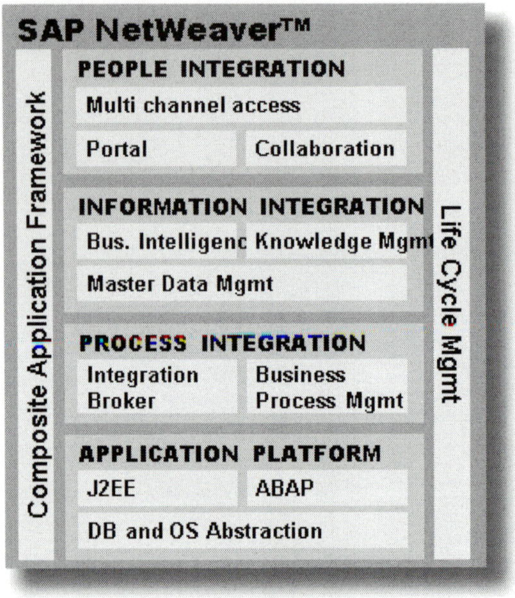

Abbildung 1.2: Die NetWeaver-Architektur

SAP R/3 war in sogenannte Module untergliedert, von denen jedes eine betriebliche Funktion in einem Unternehmen abdeckt. Diese modulare Struktur findet sich auch heute noch in SAP ERP. Nachfolgend sind die wichtigsten SAP-Module aufgeführt:

- FI – Finanzwesen (externe Finanzberichterstattung)
- CO – Controlling (Berichterstattung über internes Finanzmanagement)
- HR – Personalwesen (Personalmanagement, Personalabrechnung)
- MM – Materialwirtschaft (Einkauf, Bestandsführung)

- SD – Vertrieb (Verkauf, Preisfindung, Fakturierung)
- LE – Logistics Execution (Lagerverwaltung, Versand)
- PP – Produktionsplanung (Fertigungssteuerung)
- PS – Projektsystem (Projektmanagement)
- QM – Qualitätsmanagement (Auditmanagement, Produktzertifizierung)
- PM – Instandhaltung (Wartung und Instandsetzung)
- CS – Kundenservice (Serviceabwicklung, Servicevereinbarungen)

Klassifizierung der Module

Die Module FI und CO werden gewöhnlich unter den Begriff »Finanzmodule« zusammengefasst, während alle Module, die logistische Aspekte eines Unternehmens unterstützen, z. B. MM, SD, LE, PP, QM, PM oder CS, als *Logistikmodule* bezeichnet werden.

Das Modul HR ist unabhängig, da es weder dem einen noch dem anderen Bereich zugeordnet werden kann. Das Modul PS wird sowohl als Finanz- als auch als Logistikmodul betrachtet.

Darüber hinaus gibt es 24 sogenannte »Branchenlösungen«, die zusätzliche Funktionen für bestimmte Branchen bieten, die im Standardsystem SAP ERP nicht enthalten sind. Zu diesen eigens unterstützten Branchen zählen etwa die Bank-, Medien-, Bergbau-, Luft- und Raumfahrt-, Versicherungs-, Öl- und Gas-, Versorgungs- oder die Einzelhandelsbranche.

Schließlich bietet SAP zusätzliche Funktionen für einige Länder an, in denen spezifische, lokale gesetzliche Vorgaben bestehen, die nicht durch die SAP-Standardfunktionen abgedeckt werden können. So gibt es beispielsweise in Ländern wie Brasilien, Indien oder Italien eine recht komplizierte Steuergesetzgebung, deren Einhaltung zusätzliche Felder und Routinen in SAP erfordert.

SAP ERP kann in vielen verschiedenen Sprachen verwendet werden. Dies gilt sowohl für die Benutzeroberfläche, die in über 40 Sprachen verfügbar ist (darunter alle europäischen Sprachen sowie Chinesisch, Japanisch, Koreanisch, Thai, Hebräisch, Russisch und Arabisch) als auch für Druckbelege wie Bestellungen, Rechnungen, Steuermeldungen usw.

ERP ist heute nicht das einzige Produkt im Portfolio von SAP. Im Laufe der Zeit entwickelte SAP zusätzliche Systeme, die jeweils auf bestimmte Aspekte des Datenmanagements für Geschäftsprozesse spezialisiert sind:

- *Customer Relationship Management (CRM)* zur Unterstützung von Vertriebsabteilungen mit zusätzlichen Funktionen für die Verfolgung von Opportunities, die Verwaltung von Kontaktdaten und die Abgabe von Angeboten
- *Supplier Relationship Management (SRM)*, das zusätzliche Funktionen für den Einkauf bietet. Ein SRM-System unterstützt virtuelle Marktplätze im Internet und verfügt über Schnittstellen zu bevorzugten Lieferanten.
- *Advanced Planner & Optimizer (APO)* verfügt über erweiterte Funktionen für die Absatzplanung, die Transportdisposition und Distributionsplanung.
- *Product Lifecycle Management (PLM)* zeichnet sich durch ein Dokumentenverwaltungssystem aus, das einem Unternehmen die Verwaltung aller mit dem Lebenszyklus eines Produktes zusammenhängenden Daten ermöglicht, z. B. von CAD-Zeichnungen, Stücklisten, Wartungsplänen usw.

1.3 Vor- und Nachteile von Standardsoftware

Sie haben einen kurzen Überblick darüber erhalten, was ERP-Standardsoftware im Allgemeinen und SAP ERP im Speziellen ist. Lassen

Sie uns jetzt die Vor- und Nachteile von ERP-Standardsoftware betrachten.

Zunächst einmal sind die **Kosten** für die Entwicklung einer individuellen betriebswirtschaftlichen Software für ein Unternehmen in der Regel viel höher als für den Erwerb eines Standardsoftwaresystems. Zu den Entwicklungskosten für die Software muss außerdem der Arbeitsaufwand für die Wartung, den Support und die Anpassung an neue oder veränderte Geschäftsanforderungen hinzugerechnet werden. Ein Standardsoftwaresystem gibt es allerdings auch nicht umsonst. Unternehmen, die SAP-Software verwenden, müssen eine Lizenzgebühr nach der Anzahl der Benutzer bezahlen, eine Support-Gebühr für die Nutzung der SAP-Supportleistungen und ein Team von SAP-Fachleuten (entweder intern oder über ein Outsourcing-Dienstleistungsunternehmen) für die Verwaltung des Systems und dessen Anpassung an neue Anforderungen.

Ganz gleich, ob Sie ein Standard- oder ein speziell für Ihre Bedürfnisse entwickeltes Softwaresystem verwenden – Sie werden in gewissem Maß vom Hersteller der Software **abhängig** sein: Sie werden Unterstützung benötigen, wenn die Software einen Fehler enthält, wenn eine Gesetzesänderung in Kraft tritt (z. B. eine Änderung der für Ihr Berichtswesen relevanten Rechnungslegungsgrundsätze, eine Änderung des Mehrwertsteuersatzes oder ein neues Standardformat für Banküberweisungen) oder wenn Sie Ihre Geschäftsprozesse ändern müssen (z. B. beim Einrichten eines neuen Werks, der Einführung eines neuen Vertriebskanals oder einer Umgestaltung der Organisationsstruktur).

Wurde Ihr Softwaresystem unternehmensintern erstellt, sind Sie von den Programmierern abhängig, die die Software geschrieben haben. Verlassen einige dieser Programmierer das Unternehmen, so müssen Sie sicherstellen, dass Sie das Softwaresystem weiter betreiben können. Wurde die Software von einem externen Unternehmen entwickelt, ist es sicherer für Sie, wenn das Unternehmen gute Chancen hat, auch zehn Jahre später noch zu bestehen, und es über ausreichende Ressourcen verfügt, um Sie bei Bedarf zu unterstützen. Daher gehen Sie bei einem großen Softwarehaus in der Regel ein geringeres Risiko ein, da der Support auch in Zukunft mit größerer Wahrscheinlichkeit gewährleistet werden kann. Neben dem fortlaufenden Support durch das Softwareunternehmen stehen Ihnen weitere Ressourcen mit Informationen, Ideen und Vorschlägen zur Verfügung. Für SAP existieren etwa Anwendergruppen, Onlineforen, Blogs, Seminare, Konferenzen, Bücher u. v. m., über die Sie die besten Mittel zum Betrieb Ihres Systems (und Ihrer Geschäftsprozesse) finden.

Ein stärker technisch orientierter Aspekt der Ausführung eines Standardsoftwaresystems ist dessen **Skalierbarkeit**. Wächst Ihr Unternehmen, dann muss Ihr Softwaresystem in der Lage sein, dies zu unterstützen. Wenn Sie die Software selbst entwickelt oder bei einem kleinen Softwareunternehmen erworben haben, werden Sie u. U. irgendwann feststellen, dass diese nicht mehr mit dem Wachstum Ihres Unternehmens Schritt halten kann. Dies kann daran liegen, dass das als Basis verwendete Datenbanksystem zu klein ist und nicht mehr erweitert werden kann. Möglicherweise wurde die Software auch so konzipiert, dass sie die Gründung weiterer Teilfirmen, unterschiedliche Währungen oder Druckbelege in Fremdsprachen später nicht mehr berücksichtigen kann. Wenn Sie sich für einen großen Softwareanbieter entscheiden, können Sie für gewöhnlich erwarten, dass solche Gesichtspunkte bedacht wurden.

Lassen Sie uns abschließend die Vor- und Nachteile einer **Standardisierung** betrachten. Wir haben bereits darauf hingewiesen, dass ein Standardsystem in der Regel kostengünstiger ist als die Erstellung einer eigenen Software. Ein Standardsoftwaresystem kann auch zur Harmonisierung der Geschäftsprozesse in Ihrem gesamten Unternehmen verwendet werden. Sobald Sie den optimalen Weg für die Ausführung eines bestimmten Prozesses für Ihr Unternehmen gefunden haben, z. B. Einkauf, Kundenauftragsverarbeitung oder Lagerverwaltung, können Sie diesen Prozess in allen betreffenden Abteilungen einführen. Dies kann zur Optimierung Ihrer Lieferkette beitragen und die Komplexität von Abläufen verringern, sodass Sie keine ausufernde Vielfalt verschiedener Geschäftsprozesse in Ihrem Softwaresystem unterstützen müssen. In den Anfängen integrierter ERP-Systeme wurde der Betrieb eines solchen Systems als Wettbewerbsvorteil betrachtet, da es besser darin war, integrierte Geschäftsprozesse effizient zu unterstützen als individuelle Software. Heute wird argumentiert, dass es wohl kaum noch ein Wettbewerbsvorteil sein kann, wenn man dieselbe Software wie die Konkurrenz einsetzt. Inzwischen sind ERP-Systeme allerdings zu einer Art Markteintrittsbarriere geworden – wenn ein Unternehmen keines hat, befindet es sich Wettbewerbern gegenüber im Nachteil.

Es wird immer Fälle geben, in denen die SAP-Standardfunktionen nicht zu Ihren Geschäftsanforderungen passen. Sollten Sie sich dieser Situation gegenübersehen, haben Sie folgende Möglichkeiten:

1. Ändern Sie Ihren Prozess so, dass er zum SAP-Standard passt.

2. Ändern Sie den SAP-Standard, damit er zu Ihrem Prozess passt.

3. Suchen Sie eine organisatorische Behelfslösung.

Alle drei Alternativen erfordern natürlich eine Kosten-Nutzen-Analyse, und es ist nicht möglich, die beste Lösung im Voraus zu erkennen. Für Anwender und Manager ist es häufig schwer, zu akzeptieren, dass ihre im Laufe der Zeit entwickelten und bewährten Prozesse geändert werden sollen, um den Anforderungen eines IT-Systems gerecht zu werden. Angesichts des stetigen Versprechens der IT-Branche, dass ein Softwarepaket jegliche Geschäftsanforderungen problemlos erfüllt, sollte man denken, dass die Anpassung des SAP-Standards einfacher zu realisieren wäre als die oben genannten Möglichkeiten.

Das Erstellen zusätzlicher Programme ist normalerweise kein Problem, da diese die Standardprogrammierlogik von SAP ERP nicht beeinträchtigen. Sie können jederzeit selbst verfasste Programme starten, ohne dass sich dies auf den SAP-Standardcode auswirkt. Die **Änderung** des SAP-Standards verursacht jedoch für gewöhnlich technische Probleme. In manchen Fällen kann hier ein User-Exit weiterhelfen; dies ist eine eigens für Kundenanpassungen vorgesehene Umgebung im SAP-System, in der Sie Code hinzufügen können, um das Verhalten des Standardprogramms leicht zu verändern. Sie könnten etwa festlegen, dass das System beim Anlegen von Stammdaten oder eines Kundenauftrags zusätzliche Prüfungen ausführt. Änderungen am SAP-Standardcode hingegen sollten Sie tunlichst vermeiden. Zunächst einmal ist die Gefahr groß, dass das Standardprogramm mit den Änderungen nicht mehr funktioniert. Zweitens aktualisiert SAP die Software regelmäßig, und es ist wahrscheinlich, dass sich alle Programme mit der nächsten Softwareversion ebenfalls ändern. Jedes Mal, wenn Sie für Ihr System ein Update auf die neueste Version ausführen, müssten Sie Ihre Änderungen am Standard sorgfältig testen und sicherstellen, dass sie auch mit der neuen Programmversion noch funktionieren.

Eine organisatorische Behelfslösung für eine Geschäftsanforderung verursacht in der Regel zusätzliche manuelle Arbeit und/oder eine höhere Fehlerwahrscheinlichkeit, wenn Aufgaben nicht vollständig automatisiert sind oder zumindest durch die Software unterstützt werden. Ob dies eine praktikable Option ist, hängt meist davon ab, wie wichtig der betreffende Prozess ist und wie oft er ausgeführt wird.

Ein entscheidender Vorteil eines Standardsoftwaresystems besteht darin, dass dafür vielfach *Best Practices* entwickelt wurden. Diese bestehen bei der SAP aus einer Reihe von Standardgeschäftsprozessen und -verfahren, Prozessabläufen und Dokumentationen. Sie stellen einen guten Ausgangspunkt für die Optimierung von Geschäftsprozessen dar. Ein Unternehmen kann diese Best-Practice-Szenarien in vielen Fällen so konfigurieren, dass sie zu seinem Geschäft passen, ohne dass dafür zusätzlicher Entwicklungs- oder Programmierungsaufwand erforderlich wäre.

Dies war ein kurzer Überblick über die Geschichte der SAP und die wichtigsten Funktionen von ERP-Standardsystemen. Nun werden wir uns eingehender mit dem SAP-ERP-System beschäftigen.

2 Grundlagen von SAP ERP

Dieses Kapitel beginnen wir mit der Betrachtung der SAP-ERP-Benutzeroberfläche und der wichtigsten Weiterentwicklungen, die diese im Laufe der Zeit erfahren hat. Nachdem wir Ihnen gezeigt haben, wie man im System navigiert, gehen wir näher darauf ein, wie in SAP ERP Geschäftsprozesse integriert und durchgeführt werden. Anschließend sehen wir uns SAP-Transaktionen, -Module und -Lösungen für verschiedene Länder und Branchen an. Wir geben Ihnen zudem einen Überblick, wie SAP Informationen mithilfe von Organisationseinheiten und Stammdaten organisiert. Zum Abschluss des Kapitels erhalten Sie noch eine kurze Einführung in die SAP-Programmiersprache ABAP und wir streifen die Themen Sicherheitsaspekte, Berechtigungen sowie Erweiterungspakete (auch als »Enhancement Packages« bezeichnet).

2.1 Navigation und Benutzeroberfläche

SAP ERP ist ein umfangreiches Softwaresystem mit einer großen Anzahl von Transaktionen und zahlreichen Möglichkeiten, darin zu navigieren. In diesem Kapitel zeigen wir Ihnen die Grundlagen, wie Sie sich im ERP-System bewegen können. Zunächst erfahren Sie, wie Sie sich am System anmelden. Anschließend werden wir Ihnen demonstrieren, wie Sie die Menüleiste nutzen, die Statusleiste prüfen und den Menübaum verwenden. Sie lernen verschiedene Möglichkeiten kennen, auf Ihre häufig genutzten Geschäftsvorgänge zuzugreifen und sich von einem System abzumelden.

2.1.1 Anmelden

Wie bereits erwähnt, handelt es sich bei SAP um ein Client/Server-System, auf das viele verschiedene Benutzer gleichzeitig zugreifen können. Das System an sich wird basierend auf einer Datenbank ausgeführt, die sich auf einem oder mehreren sogenannten *Servern* befindet. Ein Server ist ein Computer, der für andere Computer, die als *Clients* bezeichnet werden, Services bereitstellt. Bei einem SAP-System bestehen diese Services darin, eine Datenbank zur Verfügung zu stellen, die SAP-Systeme darauf auszuführen und den Clients Zugriff auf das SAP-System zu gewähren.

Verbindung zum SAP-Server

Sie können mit dem SAP-System nur dann arbeiten, wenn Ihr Computer, d. h. einer der Clients, über ein Netzwerk (dies kann ein lokales Netzwerk Ihres Unternehmens oder eine Internetverbindung sein) mit einem der Server verbunden ist.

Jegliche Arbeiten, die Sie im SAP-System ausführen, werden auf dem Server gespeichert und nicht auf Ihrem eigenen Computer. Das bedeutet auch, dass Sie Ihre Arbeit sichern müssen, bevor Sie die Verbindung zum Server trennen. Andernfalls geht diese Arbeit verloren.

Zur Anmeldung an Ihrem SAP-System verwenden Sie das Programm *SAP Logon* oder das SAP-Logon-Pad (siehe Abbildung 2.1). Auf der Registerkarte für die Systeme finden Sie alle SAP-Systeme, die Ihnen in Ihrem Unternehmen zur Verfügung stehen (in unserem Beispiel ist es lediglich ein System). Wählen Sie das System aus, mit dem Sie eine Verbindung herstellen möchten, und drücken Sie auf Anmelden. Alternativ können Sie auch auf die Systembeschreibung doppelklicken.

Dadurch wird das SAP-Anmeldebild geöffnet, in dem Sie Ihre Anmeldedaten eingeben (siehe Abbildung 2.2). Als Erstes müssen Sie nun den *Mandanten* auswählen. Der Mandant ist die höchste Organisationseinheit in einem SAP-System, und er wird verwendet, um verschiedene Unternehmen getrennt voneinander zu verwalten. In Abschnitt 2.4 erfahren Sie Näheres über Organisationseinheiten. In diesem Beispiel verwenden wir zum Anmelden den Mandanten 850. Als Nächstes müssen Sie Ihren Benutzernamen eingeben. In der Regel erhalten Sie diesen vom SAP-Administrationsteam Ihrer IT-Abteilung zusammen mit dem Initialkennwort, das Sie direkt unterhalb des Benutzernamens eingeben. Wählen Sie anschließend die Systemsprache, in der Sie arbeiten möchten. In unserem Fall geben wir `DE` für »Deutsch« ein.

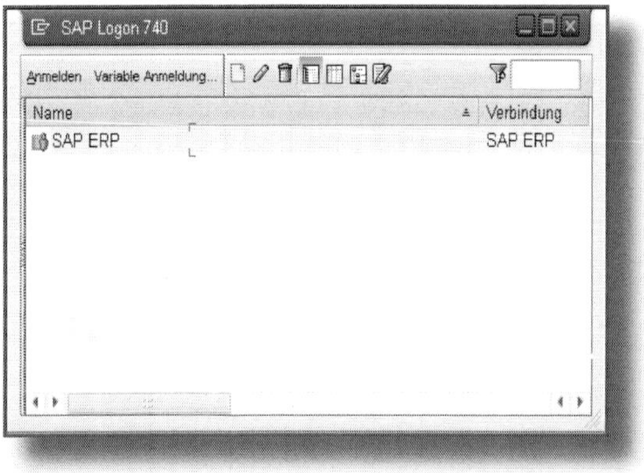

Abbildung 2.1: Das SAP-Logon-Pad

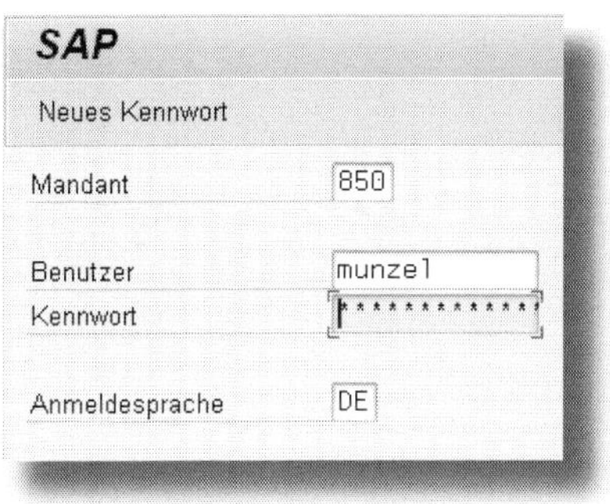

Abbildung 2.2: Das SAP-Anmeldebild

Sobald Sie alle Anmeldedaten eingegeben haben, drücken Sie entweder die Eingabetaste auf Ihrer Tastatur, oder Sie wählen die Drucktaste in der linken oberen Ecke des Bildes.

Falsches Kennwort

Falls Sie dreimal nacheinander ein falsches Kennwort eingeben, sperrt das System automatisch Ihr Benutzerkonto. In diesem Fall müssen Sie sich an Ihren Systemadministrator wenden, damit Ihr Konto wieder entsperrt wird.

Bei der ersten Anmeldung am System werden Sie aufgefordert, umgehend Ihr Kennwort zu ändern (siehe Abbildung 2.3). Geben Sie das neue Kennwort in das entsprechende Feld ein, und wiederholen Sie es noch einmal unter Kennwort wiederholen. Bitte berücksichtigen Sie, dass SAP bei Kennwörtern zwischen Groß- und Kleinbuchstaben unterscheidet.

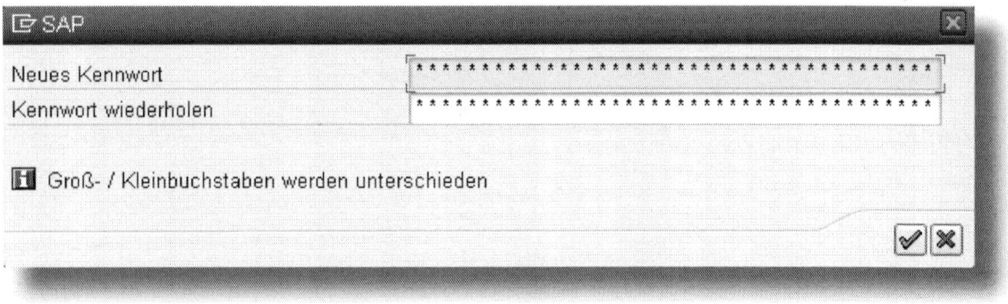

Abbildung 2.3: Eingabeaufforderung für das Kennwort

Sobald Sie sich am System angemeldet haben, gelangen Sie zum SAP-Hauptbild. Nun können Sie mit der Arbeit in SAP ERP beginnen.

2.1.2 Die Benutzeroberfläche von SAP ERP

Das SAP-Hauptbild wird als »SAP Easy Access« bezeichnet (siehe Abbildung 2.4). Es besteht aus einer Reihe verschiedener Elemente, die wir nachfolgend erläutern.

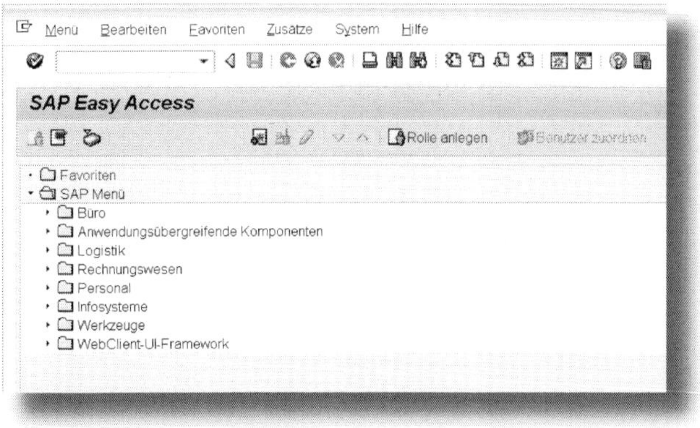

Abbildung 2.4: SAP Easy Access

Ganz oben auf dem Bild wird die Menüleiste angezeigt. Von den unterschiedlichen Einträgen im Menü sind die beiden Einträge System und Hilfe immer verfügbar. Im Untermenü Systeme (siehe Abbildung 2.5) können Sie Ihr Passwort ändern (im Menüpunkt Benutzerprofil) oder Standardwerte für eine Reihe von Parametern wie Buchungskreis, Datumsformat, Dezimalschreibweise und Standarddrucker festlegen.

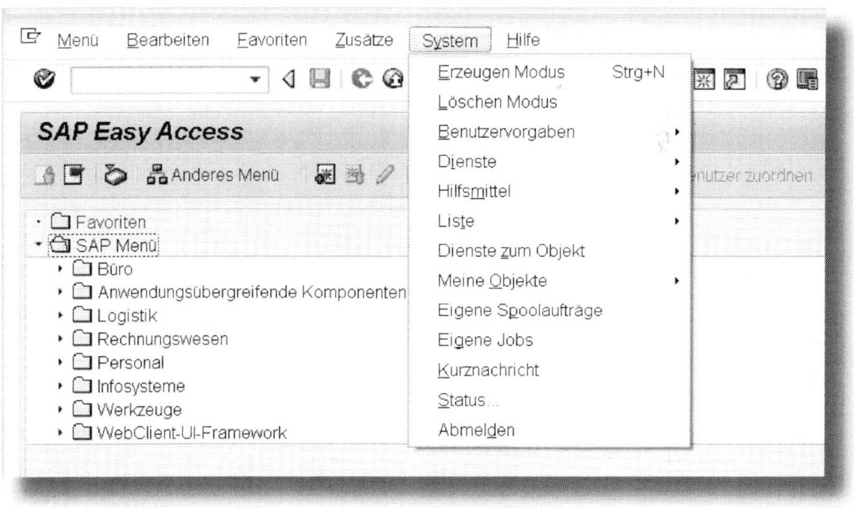

Abbildung 2.5: Das System-Menü

Im Hilfe-Untermenü können Sie die Online-Hilfe von SAP aufrufen. Wählen Sie HILFE • HILFE ZUR ANWENDUNG aus, um in dieser Bibliothek nach detaillierten Informationen zum gesamten SAP-System zu suchen (siehe Abbildung 2.6).

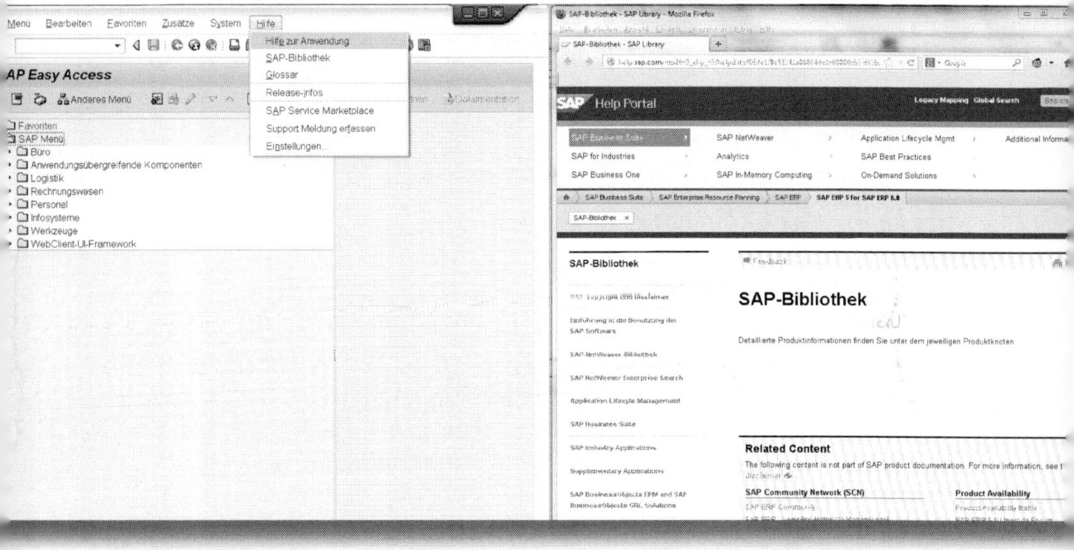

Abbildung 2.6: Die SAP-Hilfe

Unterhalb der Menüleiste finden Sie die *Systemfunktionsleiste*. Sie enthält verschiedene Symbole zum Verwalten allgemeiner Funktionen (siehe Abbildung 2.7). Die Drucktaste WEITER ❶ haben Sie bereits kennengelernt; damit bestätigen Sie alle Eingaben, die Sie vornehmen. Daneben sehen Sie das Befehlsfeld ❷, in dem Sie Abkürzungen für Transaktionen eingeben können. Wir zeigen Ihnen etwas später in diesem Kapitel, wie Sie diese Funktion verwenden können. Immer wenn Sie eine Transaktion beenden und Ihre erfassten Daten an den Server senden möchten, wählen Sie die Drucktaste SICHERN ❸ aus. Die Drucktasten ZURÜCK ❹, BEENDEN ❺ und ABBRECHEN ❻ werden zum Navigieren in Transaktionen verwendet; mit ZURÜCK gelangen Sie auf das vorherige Bild, und mit ABBRECHEN verlassen Sie die Transaktion, ohne Ihre Daten zu speichern. Mit BEENDEN gelangen Sie zurück auf das Hauptbild, wobei Ihre Eingaben ebenfalls nicht gespeichert werden. Über Drucken ❼ können Sie Daten an den Drucker senden, und mithilfe der Taste Suche ❽ suchen Sie in der jeweiligen Transaktion, in der Sie sich gerade befinden, nach bestimmten Schlüsselwörtern.

Abbildung 2.7: Drucktasten-Leiste

Mithilfe der Navigationsdrucktasten ❾ können Sie die Seiten längerer Listen durchblättern. Durch Auswählen der Drucktaste Neuen Modus erzeugen ❿ wird eine zusätzliche Sitzung geöffnet; eine Sitzung ist ein weiteres Fenster, in dem auch SAP ERP ausgeführt wird und in dem Sie parallel arbeiten können (z. B. wenn Sie darauf warten, dass in Ihrer aktuellen Sitzung ein Bericht fertiggestellt wird). Standardmäßig lassen sich bis zu sechs ⓫ Sitzungen parallel ausführen, Ihr Systemadministrator kann dies jedoch auf bis zu 16 Sitzungen ausweiten. Mit der Drucktaste für Verknüpfungen können Sie eine direkte Verknüpfung zu der Transaktion erstellen, in der Sie sich gerade befinden, und diese auf Ihrem Desktop speichern. Auf diese Weise haben Sie die Möglichkeit, von Ihrem Desktop direkt in diese Transaktion zu springen, ohne dorthin navigieren zu müssen. Die Taste Hilfe ⓬ bietet eine Alternative zum Aufrufen der Hilfe-Funktion, die wir bereits erläutert haben. Schließlich können Sie die Einstellungen für Ihre Benutzeroberfläche mit der Drucktaste Lokales Layout anpassen ⓭ individuell anpassen.

Ganz unten in der Statusleiste werden Informationen dazu angezeigt, an welcher Stelle im System Sie sich gerade befinden, z. B. der Server, mit dem Sie verbunden sind, das Programm, das gerade ausgeführt wird, der Transaktionscode usw. Um alle verfügbaren Detailinformationen anzuzeigen, wählen Sie die Listen-Drucktaste; dadurch wird ein kleines Dialogfenster geöffnet (siehe Abbildung 2.8).

Abbildung 2.8: Statusleiste

Sie schließen das Dialogfenster, indem Sie die Listen-Drucktaste erneut auswählen.

Als Nächstes lernen Sie die Navigationsmöglichkeiten im Menübaum kennen.

2.1.3 Navigieren in SAP ERP

Den größten Teil der SAP-Benutzeroberfläche macht der Menübaum aus, den Sie für das Navigieren zu den verschiedenen Modulen und Transaktionen in SAP ERP verwenden. In Abbildung 2.9 sehen Sie, wie Sie über den Menübaum z. B. zur Transaktion Sachkontenbeleg eingeben gelangen. Starten Sie die Transaktion, indem Sie per Doppelklick daraufklicken.

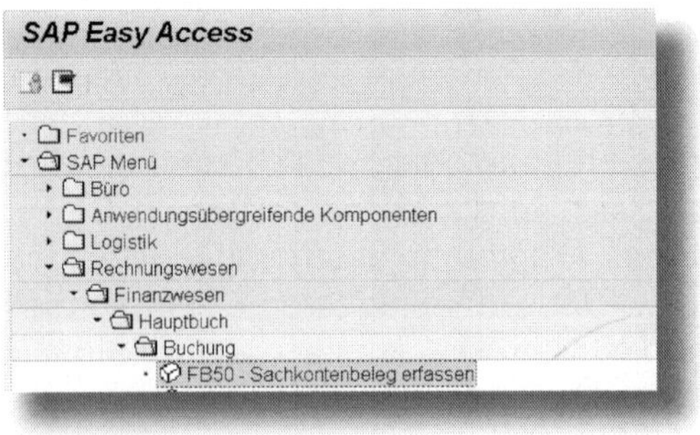

Abbildung 2.9: Navigation im Menübaum

Wie bereits erwähnt, können Sie Transaktionscodes als direkte Verknüpfungen zu den Transaktionen verwenden. Geben Sie dazu den Transaktionscode der Transaktion, die Sie verwenden möchten, in die Befehlszeile ein (siehe Abbildung 2.10). Das System springt anschließend direkt zu dieser Transaktion und öffnet sie, ohne dass Sie durch den Menübaum navigieren müssen.

Abbildung 2.10: Befehlszeile mit Transaktionscode

Dazu müssen Sie allerdings den Code für die jeweilige Transaktion kennen. Transaktionscodes sind ein Relikt aus den Anfängen von SAP, als es noch keine hierarchischen Menübäume gab. Heute ist es, gerade für Anfänger, einfacher, durch das Menü zu navigieren, anstatt sich Transaktionscodes zu merken. Für erfahrene Benutzer mag es ein schnellerer Weg sein, über Transaktionscodes auf ihre am häufigsten verwendeten Transaktionen zuzugreifen.

Die meisten Transaktionscodes sind vierstellige alphanumerische Codes (z. B. `FB01`), wobei das erste Zeichen für das Modul steht (»F« für »Finanzwesen«) und das zweite für die Funktion innerhalb des Moduls (»B« für »Beleg«). Bei den beiden letzten Zeichen handelt es sich für gewöhnlich um Zahlen, die nach der folgenden Logik aufgebaut sind: Mit einer Transaktion, die auf »1« endet, können Sie etwas erstellen (einen Beleg, einen Kunden- oder Materialstamm), mit der »2« etwas ändern, mit der »3« anzeigen und mit der »4« löschen. Bei der zunehmenden Zahl von Transaktionen wurde diese Regel nicht immer streng befolgt (bei dem oben dargestellten Beispiel mit `FB50` handelt es sich um eine verhältnismäßig neue Transaktion, die von dieser Regel abweicht).

Sie können herausfinden, in welcher Transaktion Sie sich gerade befinden, indem Sie die Statusleiste prüfen (siehe oben in Abbildung 2.11). Darüber hinaus können Sie das System so voreinstellen, dass der Transaktionscode vor jedem Transaktionsnamen angezeigt wird (wie z. B. in Abbildung 2.12). Standardmäßig zeigt das System die

Codes nicht an; um diese Funktion zu aktivieren, wählen Sie im Menü ZUSÄTZE • EINSTELLUNGEN, und aktivieren Sie die Option TECHNISCHE NAMEN ANZEIGEN (siehe Abbildung 2.11).

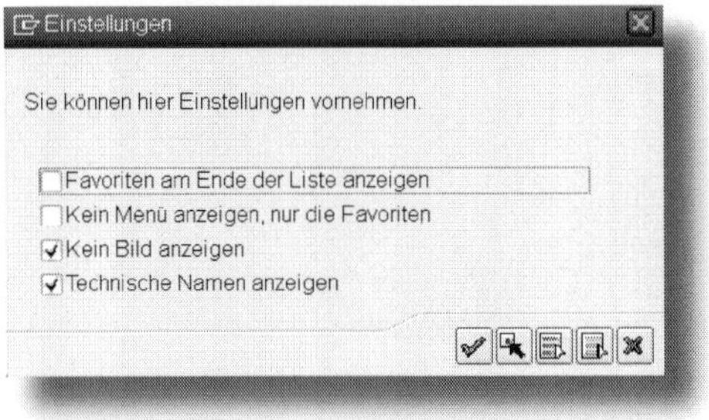

Abbildung 2.11: Menü »Einstellungen«

Außerdem ist es möglich, dass Sie im System FAVORITEN für häufig verwendete Transaktionen anlegen. Die Favoriten werden oberhalb des standardmäßigen SAP-Menübaums angezeigt (siehe Abbildung 2.12). Um eine Transaktion zu Ihren Favoriten hinzuzufügen, klicken Sie darauf und wählen dann die Drucktaste .

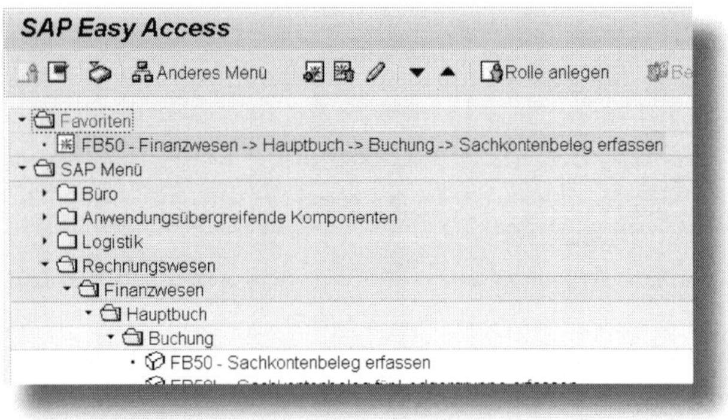

Abbildung 2.12: Favoriten verwalten

Eine weitere Methode, mit der Sie Transaktionen in Ihrem Favoritenmenü ablegen können: Klicken Sie mit der rechten Maustaste auf eine Transaktion im Menüpfad, und wählen Sie anschließend ZU DEN FAVORITEN HINZUFÜGEN (siehe Abbildung 2.13).

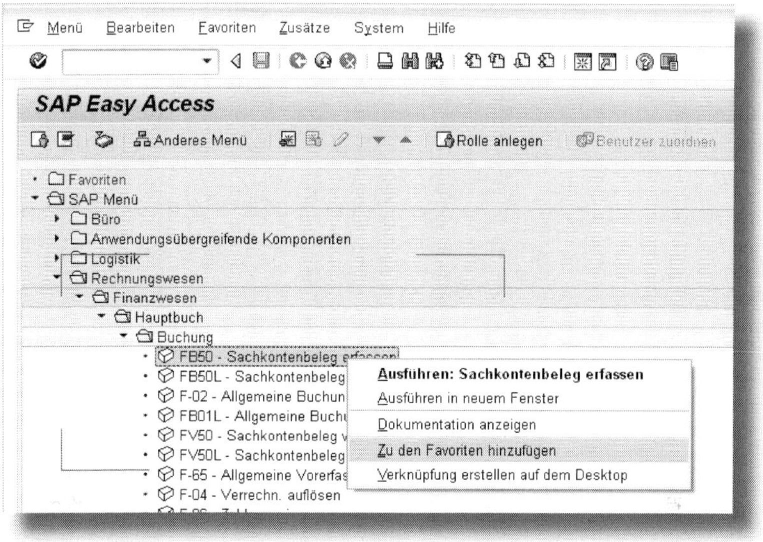

Abbildung 2.13: Rechtsklick zum Hinzufügen von Favoriten

Sie können auch das Register FAVORITEN verwenden, um neue Transaktionscodes zu ergänzen und Favoriten in Ordnern zu organisieren sowie aus anderen Mandanten herunter- bzw. in diese hochzuladen (siehe Abbildung 2.14).

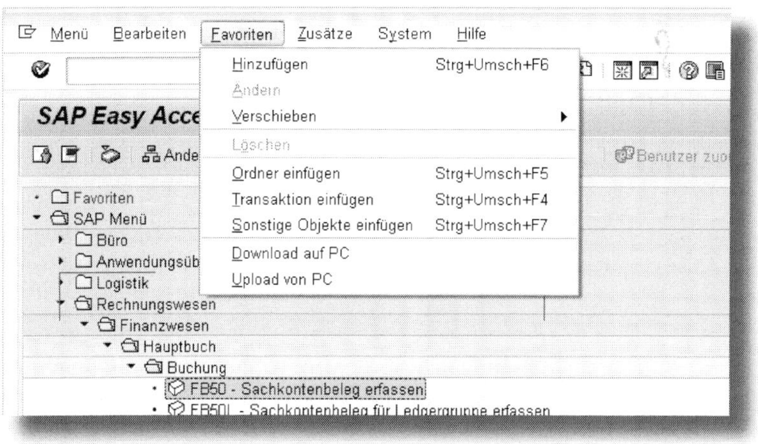

Abbildung 2.14: Menüpfad »Favoriten«

Es gibt noch eine weitere Methode, mit der Sie Ihre Favoriten – anstatt über das SAP-Menü zu gehen – erweitern können, wenn Sie sich bereits in der Transaktion befinden. Um diese aktuelle Transaktion zu Ihren Favoriten hinzuzufügen, verwenden Sie den Menüpfad System • Benutzervorgaben • Favoriten Erweitern (siehe Abbildung 2.15).

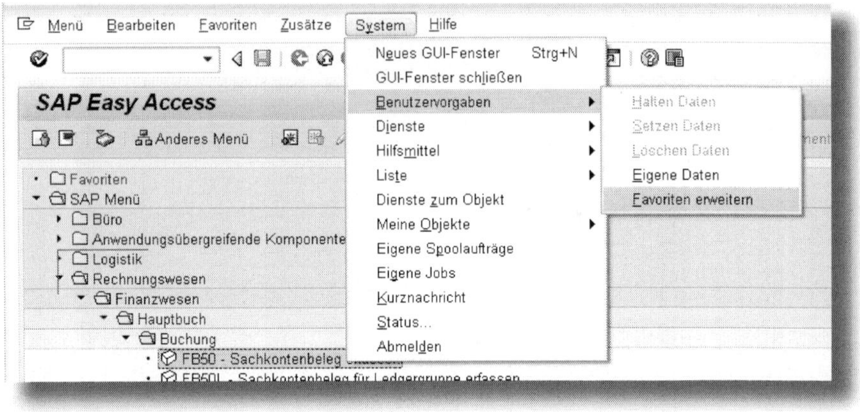

Abbildung 2.15: Favoriten erweitern

Sie haben nun die Grundlagen der Navigation im SAP-ERP-System kennengelernt. Abschließend zeigen wir Ihnen, wie Sie sich vom System abmelden.

2.1.4 Abmelden von SAP ERP

Sie können sich vom SAP-ERP-System abmelden (oder die Verbindung zu diesem aufheben), indem Sie das Fenster der Sitzung schließen, in der Sie gerade arbeiten. Falls Sie in mehreren Sitzungen parallel arbeiten, müssten Sie jedoch für eine vollständige Abmeldung alle Fenster schließen. Am einfachsten und schnellsten lassen sich alle Sitzungen gleichzeitig beenden, indem Sie zum Hauptmenü gehen und System • Abmelden auswählen (siehe Abbildung 2.16). Um sich von sämtlichen Sitzungen gleichzeitig abzumelden, können Sie auch die Transaktion `/NEX` verwenden.

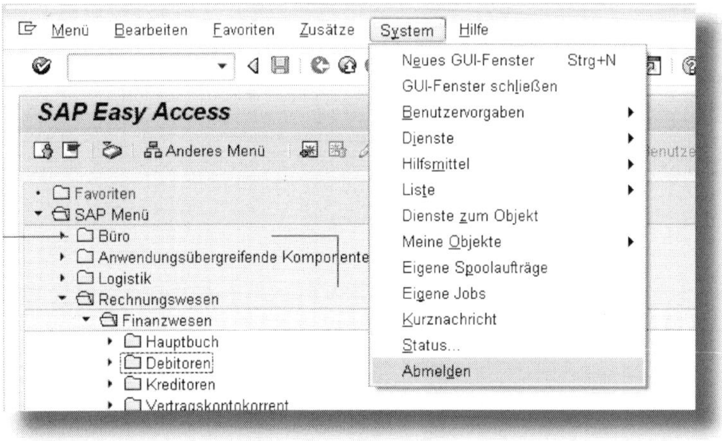

Abbildung 2.16: Abmelden vom System

Vergessen Sie nicht, Ihre Arbeit zu sichern!

Stellen Sie vor dem Abmelden von einem System sicher, dass Sie Ihre begonnene Arbeit gespeichert haben. Das SAP-System gibt üblicherweise eine Warnung aus, dass Ihre Arbeit verloren geht, wenn Sie sich abmelden, ohne zu sichern (siehe Abbildung 2.17).

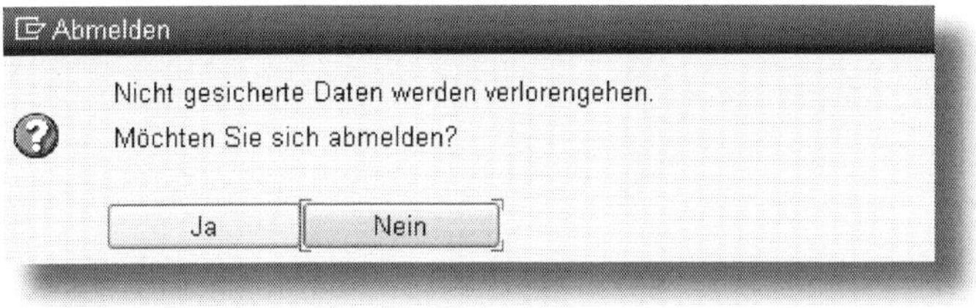

Abbildung 2.17: Nicht gesicherte Daten werden verloren gehen

In dem folgenden Video demonstrieren wir Ihnen, wie Sie in SAP ERP navigieren können. Sie erfahren, wie Sie sich am System anmelden, wie die SAP-Benutzeroberfläche aussieht und wie Sie sich im System zurechtfinden.

Anmelden am System und grundlegende Navigation

Um das Video aufzurufen, folgen Sie bitte diesem Link:

http://5152V1.espresso-tutorials.de

Wir haben ein weiteres Video für Sie vorbereitet, in dem Sie nachvollziehen können, wie Sie mit Transaktionscodes und Verknüpfungen navigieren sowie die Hilfe-Funktion einsetzen können.

Arbeiten mit Transaktionscodes, Einsetzen der Hilfe

Um das Video aufzurufen, folgen Sie bitte diesem Link:

http://5152V2.espresso-tutorials.de

2.1.5 Neue Entwicklungen der SAP-ERP-Benutzeroberfläche

Die Oberfläche SAP GUI, die wir Ihnen soeben gezeigt haben, wurde 1992 entwickelt und gilt v. a. unter SAP-Neukunden als nicht mehr als zeitgemäß. Die SAP ist daher seit einigen Jahren bemüht, ihre Software in moderneres Design zu verpacken. Dabei entstanden die neuen Oberflächen *NetWeaver Business Client*, *SAP Personas* und *SAP Fiori*. Zusätzlich bietet SAP mit den *UX Design Services* einen eigenen Service an, um die Benutzeroberfläche an kundenspezifische Anforderungen anzupassen.

Der Nutzen dieser neuen Werkzeuge, insbesondere das mit großem Aufwand vorangetriebene SAP Fiori, wird in der Branche zwiespältig beurteilt. Während die moderne Oberfläche für Neukunden ein Kaufargument ist, sehen Bestandskunden, die sich an SAP GUI seit Langem gewöhnt haben, zunächst keinen Vorteil darin. Im Gegenteil: Die Umstellung auf eine neue Benutzeroberfläche ist mit beträchtlichem Aufwand verbunden: Die Software muss installiert und getestet werden, die Berechtigungen sind ggf. zu überarbeiten, und letztendlich müssen alle Anwender geschult werden. Bis sich alle Benutzer an die neue Oberfläche gewöhnt haben, wird eine gewisse Zeit vergehen, während derer sie weniger produktiv arbeiten als vorher mit SAP GUI, da sie praktisch alle Funktionen neu erlernen müssen.

SAP Personas

SAP Personas ist ein Plug-in-Toolkit, mit dem Unternehmen SAP-ERP-Bildschirmmasken personalisieren können, damit diese zu den individuellen geschäftlichen Anforderungen passen, ohne dass dafür eine kundenspezifische Programmierung oder externe Ressourcen erforderlich sind. Je nach Bedarf kann ein Unternehmen seine grafische Benutzeroberfläche vereinfachen, indem es ungenutzte Felder beseitigt, sich wiederholende Einträge automatisiert, Drop-down-Menüs bereitstellt oder mehrere Bildschirmmasken in einem einzigen Erfassungsbild zusammenfasst. Farben am Bildschirm oder Eingabemasken können geändert oder neu angeordnet werden, um sie intuitiver zu gestalten. Mit SAP Personas können Sie Bildschirmmasken basierend auf einer Benutzerrolle ändern und je nach Anforderung der einzelnen Benutzer mehr oder weniger Informationen bereitstellen. In Abbildung 2.18 sehen Sie ein Beispiel für eine mit Eingabefeldern und Absprungmöglichkeiten überladene Funktionalität in SAP ERP.

Abbildung 2.18: SAP Personas – vorher

Dagegen sehen Sie in Abbildung 2.19, wie dieselbe Funktionalität mithilfe von Personas auf das Wesentliche reduziert und deutlich benutzerfreundlicher dargestellt werden kann.

Abbildung 2.19: SAP Personas – nachher

SAP Fiori

SAP Fiori bietet ein für SAP völlig neues Oberflächendesign, das Anwendungen und Kacheln verwendet, wie wir dies von modernen Smartphones und Tablets kennen. SAP hat dafür eigene grundsätzliche Design-Richtlinien festgelegt (SAP UI5 genannt), die für alle neueren Oberflächen Gültigkeit haben.

Den zentralen Einstiegspunkt in Fiori bieten sogenannte *Launchpads*. Abhängig von den Rollen und Berechtigungen, über die ein Mitarbeiter verfügt, steht ihm eine entsprechende Anzahl von Anwendungen zur Verfügung. Die Anwendungen unterscheiden sich in drei Kategorien:

1. *Transaktionale Anwendungen* ermöglichen dem Benutzer, einen Vorgang zu verbuchen, z.B. das Genehmigen eines Arbeitszeitblatts, das Ausgleichen von Zahlungseingängen oder das Anlegen von Kundenaufträgen.

2. *Infoblätter* zeigen Kontextinformationen an und bieten Analysefunktionen, z.B. zu Fertigungsauftragsrückmeldungen oder Qualitätsmeldungen.

3. *Analytische Apps* bieten betriebswirtschaftliche Informationen und Analysen in Echtzeit, anhand derer Sie bestimmte Leistungskennzahlen (KPIs) wie Umsatz, Lagerhüter oder bewertete Bestandsmengen überwachen können. Ein Beispiel für Fiori-Apps für verschiedene Gerätetypen und in unterschiedlichen Größen sehen Sie in Abbildung 2.20.

SAP UX Design Services

SAP UX Design Services sind ein Angebot der SAP, eine kundenindividuelle, maßgeschneiderte Benutzeroberfläche zu erstellen, bei der zunächst die Anforderungen der Endanwender aufgenommen werden und dann eine spezifische Lösung entworfen und umgesetzt wird.

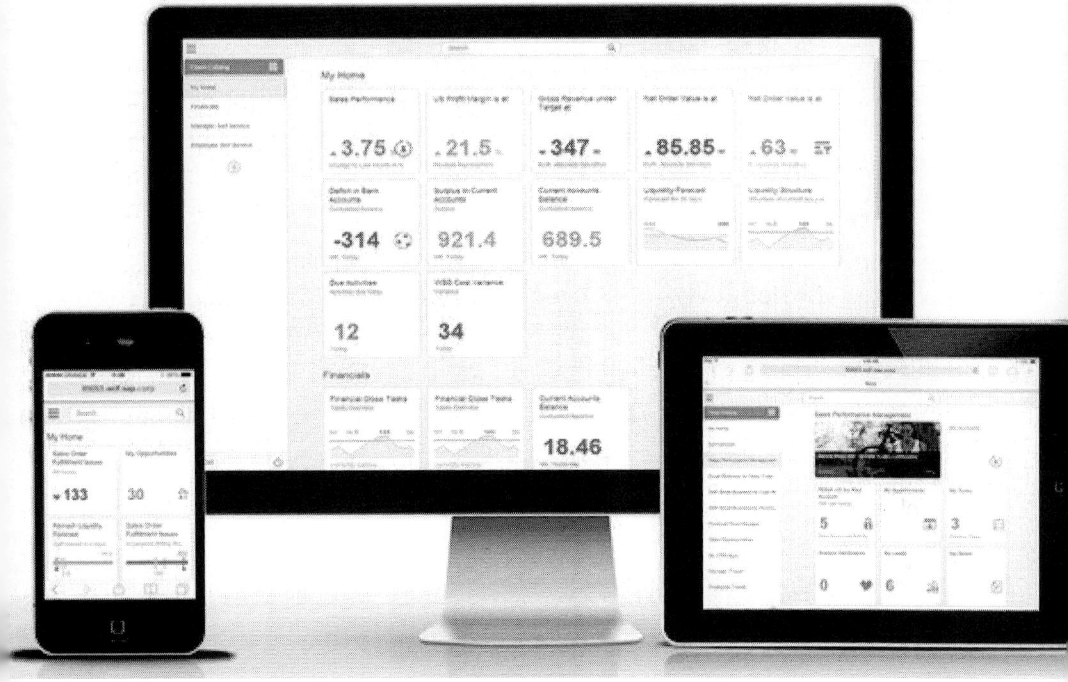

Abbildung 2.20: Fiori-Apps auf Smartphones, Tablets oder Desktop-PCs

2.2 Integration

SAP ERP ist ein integriertes System. In einigen herkömmlichen Unternehmensinformationsmodellen gibt es unterschiedliche Programme zum Steuern verschiedener Geschäftsbereiche. Das können beispielsweise separate Systeme für die Bestandsverwaltung, das Anlagenmanagement, die Debitoren-/Kreditorenbuchhaltung, den Einkauf und die Produktion sein. Um in diesen Modellen sicherzustellen, dass z. B. der Materialbestand in der Logistik (Einkauf, Vertrieb, Produktion) mit der Bilanz in der Finanzbuchhaltung übereinstimmt, sind manuelle Eingriffe erforderlich. Diese können durch manuelle Buchungen oder regelmäßig laufende automatische Buchungen erfolgen, die im Hintergrund laufen.

2.2.1 Beispiel für eine Integration

In einem Systemmodell ohne Integration (siehe Abbildung 2.22) gibt es beispielsweise für die Bestandsverwaltung und die Buchhaltung getrennte Systeme. Wenn das Lager im Bestandsverwaltungssystem Vorgänge bucht (z. B. den Wareneingang eines Materials in den Bestand), wird dadurch nicht automatisch das Buchhaltungssystem aktualisiert. Am Ende des Geschäftsjahres muss die Buchhaltung manuelle Buchungen im Buchhaltungssystem vornehmen, damit der Hauptbuchbestand und der Lagerbestand (oder das Nebenbuch) ausgeglichen sind.

Der integrative Ansatz von SAP garantiert, dass diese Buchungen automatisch stattfinden (siehe Abbildung 2.21). Wenn im Lager der Wareneingang eines Materials erfasst wird, erfolgt automatisch eine Buchung im Hauptbuch, wobei die Buchung »Lagerbestand an Verbindlichkeiten« durchgeführt wird.

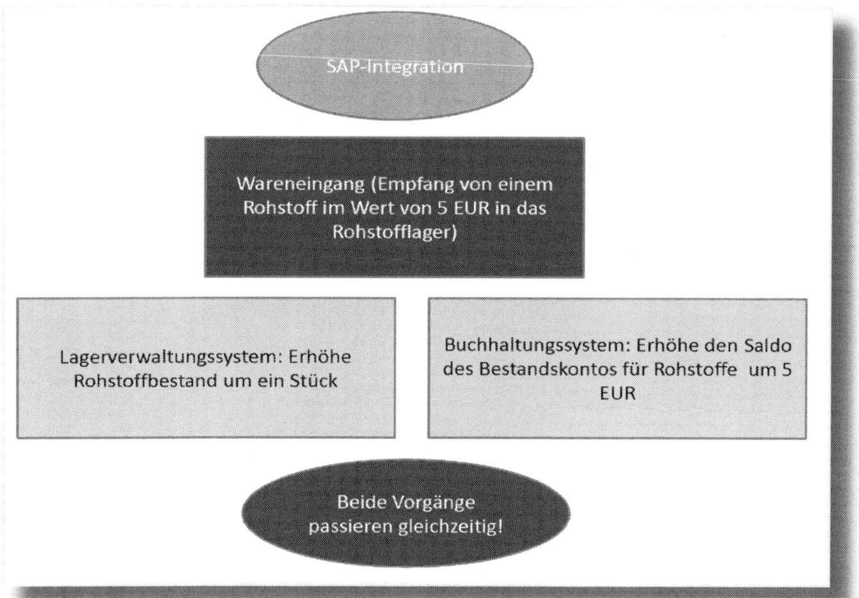

Abbildung 2.21: Überblick über die SAP-Integration

In Abbildung 2.22 hingegen sehen Sie, was bei demselben Geschäftsvorfall in einem nicht integrierten System passiert: Es wird zunächst das Lagerverwaltungssystem durch den Wareneingang aktualisiert. Im Buchhaltungssystem kommt diese Information jedoch erst verzögert an.

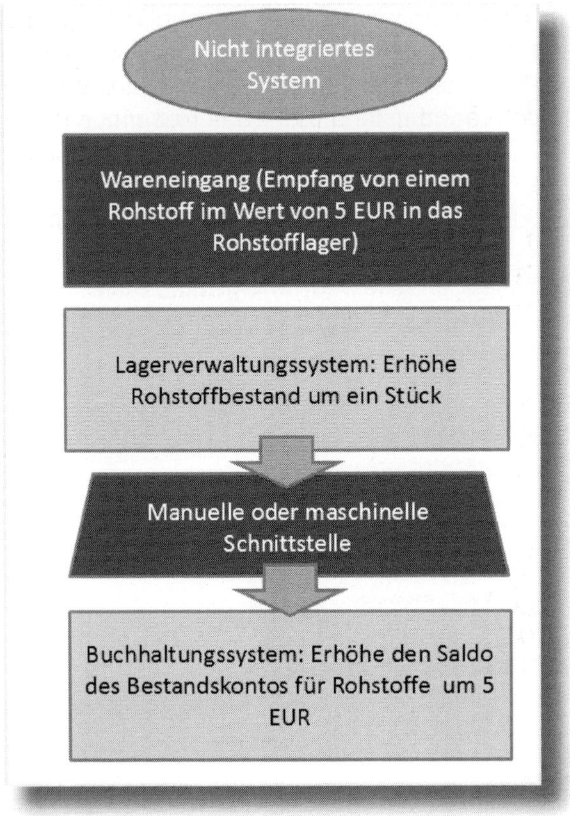

Abbildung 2.22: Herkömmliches System ohne Integration

2.2.2 Was ist ein Geschäftsprozess?

Wie in Kapitel 1 angedeutet, ist SAP ERP nach Funktionen in Form von Modulen strukturiert; es bietet jedoch auch integrierte Geschäftsprozesse. *Organisationseinheiten* bilden die Grundlage für Ihr Unternehmen, während *Stammdaten* für die Details von Geschäftsvorgängen verantwortlich sind. Für die Pflege von Organisationseinheiten und Stammdaten finden Sie jeweils eigene Transaktionen im SAP-ERP-System. Geschäftsprozesse spiegeln die Art und Weise wider, wie Sie in Ihrem Unternehmen Ihr Geschäft organisieren – und diese ist so individuell wie Ihr ganzes Unternehmen. Die Herausforderung bei der Definition Ihrer Geschäftsprozesse in SAP ERP liegt darin, ein Konzept dafür zu entwickeln, welche Transaktionen Sie in welcher Reihenfolge in welchem Prozess verwenden. In Abbildung 2.23 sehen Sie einige Beispiele für typische Geschäftsprozesse in der Fertigungsindustrie.

Abbildung 2.23: Beispiele für Geschäftsprozesse

Der Ausgangspunkt für ein Implementierungs- oder Redesign-Projekt für ein SAP-ERP-System ist in der Regel die Identifizierung der Prozesse, die für Ihr Geschäft relevant sind, um diese dann detaillierter auszuarbeiten. Auf der niedrigsten Detailebene können Sie Ihre Prozessschritte auf einzelne SAP-ERP-Transaktionen abstimmen (siehe Abbildung 2.24).

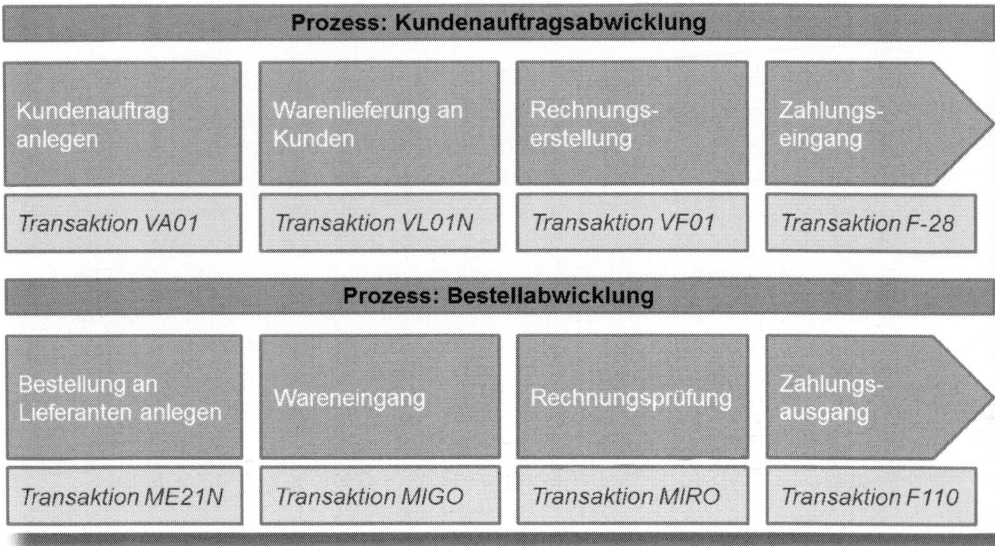

Abbildung 2.24: Geschäftsprozesse mit zugeordneten Transaktionen

Wenn klar ist, welche SAP-Transaktionen Sie für Ihre Prozesse verwenden möchten, müssen Sie die Systemeinstellungen im Konfigurationsmenü so anpassen, dass es Ihren Anforderungen entspricht. Sie definieren hier nicht nur Ihre Organisationseinheiten, wie in Abschnitt 2.4 dargestellt, sondern Sie legen auch für jeden Prozessschritt im Detail das Systemverhalten fest.

Detaileinstellung im Customizing

zB

Setzt man die Beispielprozesse in Abbildung 2.24 voraus, so müssen Sie aus der folgenden Liste typischer Parameter eine Auswahl zur Definition Ihrer Prozesse treffen:

- Welche Felder sollte ein Vertriebsmitarbeiter beim Anlegen eines Kundenauftrags ausfüllen (z. B. Bestellnummer des Kunden, Bestelldatum, Verantwortlicher des Verkaufsbüros für den Verkauf)?

- Wie sollte das Drucklayout der Rechnung aussehen, die Sie an den Kunden versenden?
- Welche Zahlungsarten akzeptieren Sie (Banküberweisung, Scheck, Wechsel usw.)?
- Soll beim Erhalt einer Rechnung das Vier-Augen-Prinzip angewandt werden, und soll ein separater Freigabeprozess durchlaufen werden, wenn die Rechnung einmal in das System eingegeben wurde?

Sobald Sie die Definition Ihrer Geschäftsprozesse in der SAP-Konfiguration abgeschlossen haben, müssen Sie Ihre Prozesse dokumentieren, sodass die mit SAP ERP arbeitenden Benutzer wissen, welche Transaktionen sie verwenden und wie sie diese bearbeiten müssen.

Ein weiterer Aspekt eines SAP-Implementierungsprojektes sind Berechtigungen, die festlegen, was welcher Mitarbeiter im SAP-System genau tun darf. Dieses Thema behandeln wir ausführlicher in Abschnitt 2.9.

2.2.3 Prozessbeispiel für die Bestellabwicklung in SAP ERP

Wir haben Ihnen die wichtigsten Aspekte des Prozessdesigns in SAP erläutert und möchten Ihnen nun einen End-to-End-Prozess am Beispiel der Bestellabwicklung (»Procure-to-Pay«) vorstellen, wie in Abbildung 2.25 dargestellt.

Abbildung 2.25: Prozessdarstellung der Bestellabwicklung

Die Bestellabwicklung umfasst den Einkauf und Eingang von Waren oder Dienstleistungen, die Buchung von Eingangsrechnungen des Lieferanten sowie deren Bezahlung.

In einigen Unternehmen wird ggf. vor der Beschaffung von Rohstoffen eine *Materialbedarfsplanung (MRP)* durchgeführt (siehe auch Abschnitt 2.6.2). Hierbei werden alle im System vorhandenen Bedarfsinformationen gesammelt, sofern wir im System die Informationen zu den in einem bestimmten Zeitraum erwarteten Verkäufen und Auslieferungen hinterlegt haben. Das System ermittelt dann alle für die Herstellung dieser Fertigerzeugnisse erforderlichen Rohstoffe. In manchen Fällen generiert die MRP automatisch Bestellungen für diese Materialien.

Für Einkäufe, die nicht durch den MRP-Prozess generiert werden, können Sie manuelle Bestellanforderungen und Bestellungen nutzen.

Mit einer *Bestellanforderung* (kurz: »Banf«) wird an Ihre Einkaufsabteilung die Notwendigkeit der Beschaffung einer Ware oder Dienstleistung eingereicht. Banfen werden in der Transaktion `ME51N` angelegt. Dabei legen Sie fest, was gekauft werden soll ❶, die geplante Menge ❷ und Ihren bevorzugten Lieferanten (sofern Sie einen haben) ❸ – siehe Abbildung 2.26.

Sobald die Bestellanforderung genehmigt wurde, legt die Einkaufsabteilung eine *Bestellung* an (Transaktion `ME21N`). Die Bestellung ist die offizielle Anfrage an einen Lieferanten, Waren oder Dienstleistungen zu liefern. Um eine Bestellung anzulegen, geben Sie zunächst die Lieferantennummer ein ❶, die Einkaufsorganisation ❷, die Einkäufergruppe ❸ und den Buchungskreis ❹. Anschließend tragen Sie das Material, das Sie einkaufen ❺, die Einkaufsmenge ❻ und Ihr Werk ❼ ein (siehe Abbildung 2.27).

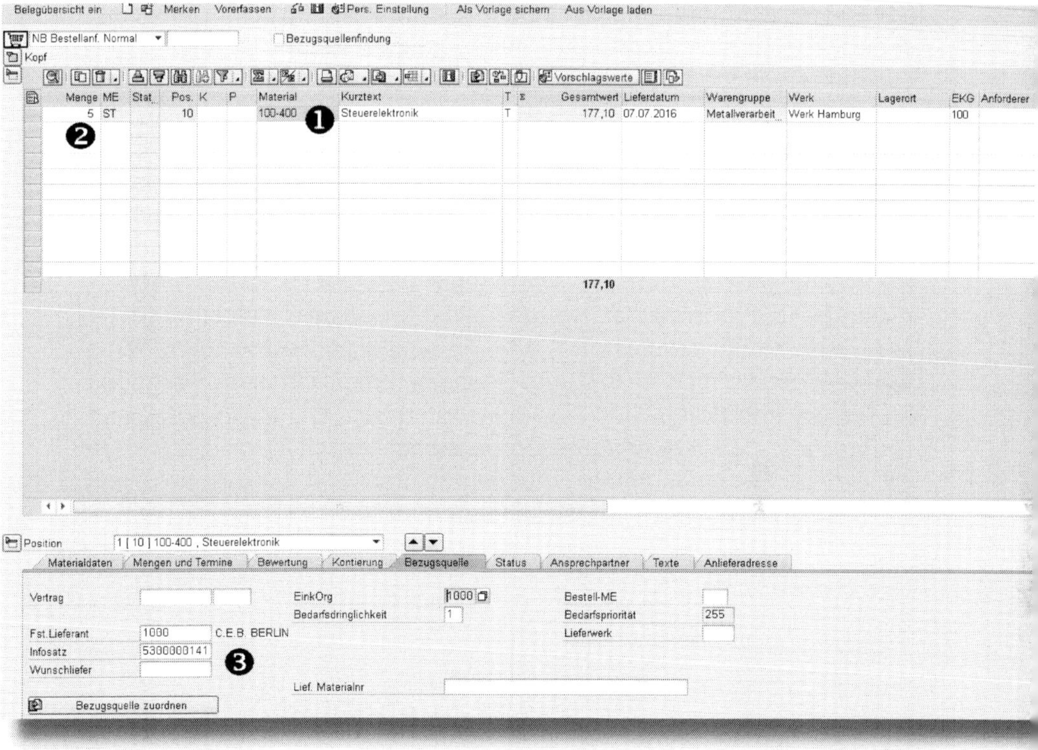

Abbildung 2.26: Bestellanforderung

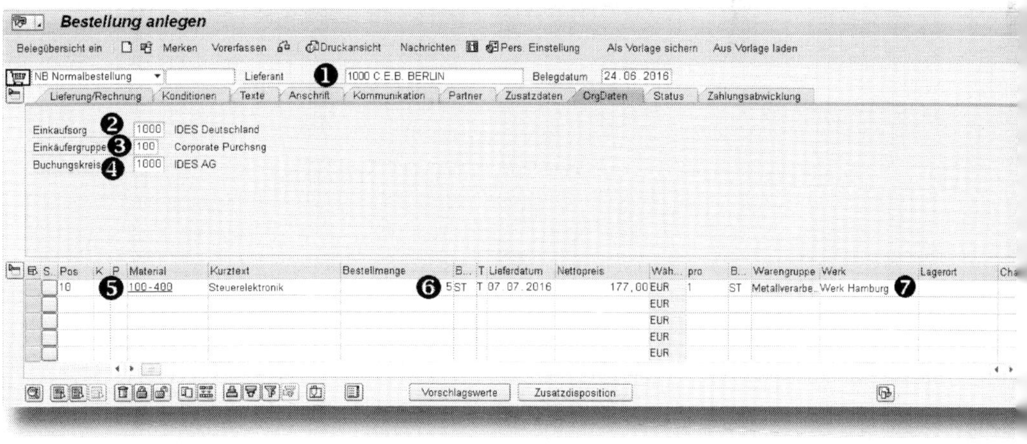

Abbildung 2.27: Anlegen einer Bestellung

Abhängig vom Lieferanten, Material und den anderen von Ihnen eingegebenen Kriterien, werden Kontierung, Zahlungsbedingungen und Lieferinformationen automatisch vervollständigt.

Als Nächstes wird das bestellte Material geliefert und eingelagert. Dieser Schritt ist als *Wareneingang* bekannt, und wir verwenden dafür die Transaktion `MIGO` (siehe Abbildung 2.28). Wenn wir mit MIGO buchen, wird gleichzeitig das Material in den Bestand übernommen und der Buchhaltungsbeleg gebucht, wobei eine Verbindung zwischen Buchhaltungs- und Wareneingangstransaktion sowie der Bestellung hergestellt wird. MIGO stellt eine Liste der verfügbaren Bestellungen bereit ❶, oder Sie können Ihre eigene Bestellnummer erfassen. Sie geben außerdem das Beleg- und Buchungsdatum ein ❷ sowie ggf. einen Lieferschein. Weitere Informationen, einschließlich dem Lieferanten ❸ und der Materialnummer, werden entsprechend der ausgewählten Bestellung automatisch vervollständigt.

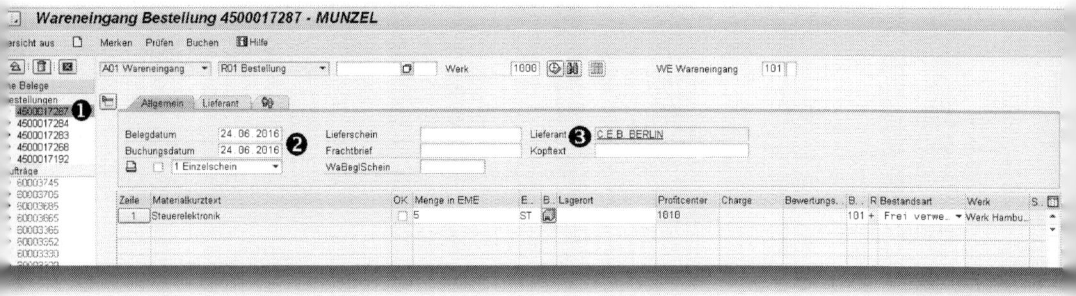

Abbildung 2.28: Wareneingang zu einer Bestellung (MIGO)

Der folgende Schritt ist der *Rechnungseingang*, bei dem wir die Rechnung des Lieferanten im System buchen (Transaktion `MIRO`), wie in Abbildung 2.29 dargestellt. Diese Transaktion prüft die Rechnung auf Basis der Bestellung ❶, wobei sichergestellt wird, dass die Beträge ❷, Mengen ❸, der Lieferant ❹ und andere Informationen mit den Angaben in der Bestellung übereinstimmen. Darüber hinaus wird eine offene Verbindlichkeit gegenüber dem Lieferanten in der Finanzbuchhaltung erzeugt. Auch kommt die Integration zwischen der Materialwirtschaft und der Buchhaltung im SAP-System wieder zum Tragen.

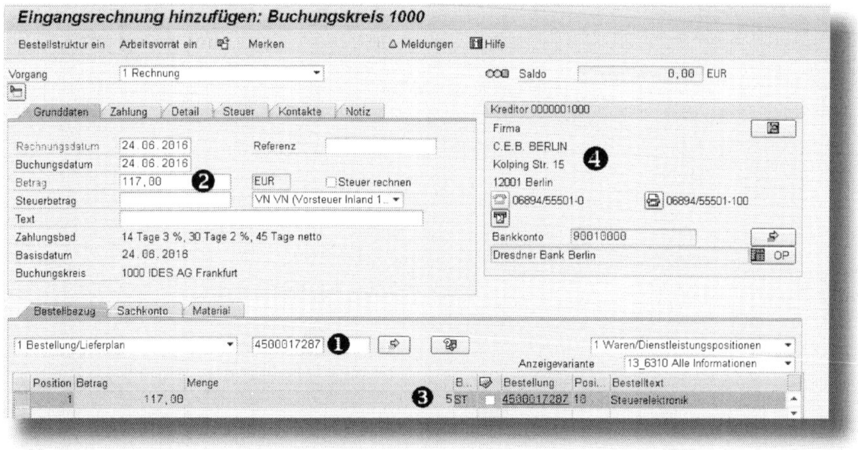

Abbildung 2.29: Erfassen der Eingangsrechnung (MIRO)

Als Letztes findet in der Bestellabwicklung die Bezahlung des Lieferanten statt. Dies erfolgt mithilfe der Transaktion `F110` (*Maschineller Zahllauf*), wie in Abbildung 2.30 dargestellt. Im Lieferantenstamm haben Sie üblicherweise bereits einen Standardzahlweg für den Lieferanten definiert; in den meisten Fällen ist dies eine SEPA-Überweisung ❶. Beim Ausführen des Zahllaufs legen Sie fest, bis zu welchem Datum schon gebuchte Rechnungen mit berücksichtigt werden ❷, und Sie geben den Buchungskreis ❸ sowie den oder die Lieferanten ❹ an. Indem Sie den Zahllauf ausführen, werden zum einen die offenen Verbindlichkeiten gegenüber den Lieferanten ausgeglichen; zum anderen wird ein Datenträger erstellt (im Falle von SEPA eine XML-Datei), die Sie an Ihre Bank senden, um die Zahlungen anzuweisen.

Bestellabwicklung

Wenn Sie sich ein Video zum Procure-to-Pay-Prozess in SAP ERP ansehen möchten, folgen Sie dem Link *http://5152V7.espresso-tutorials.de*.

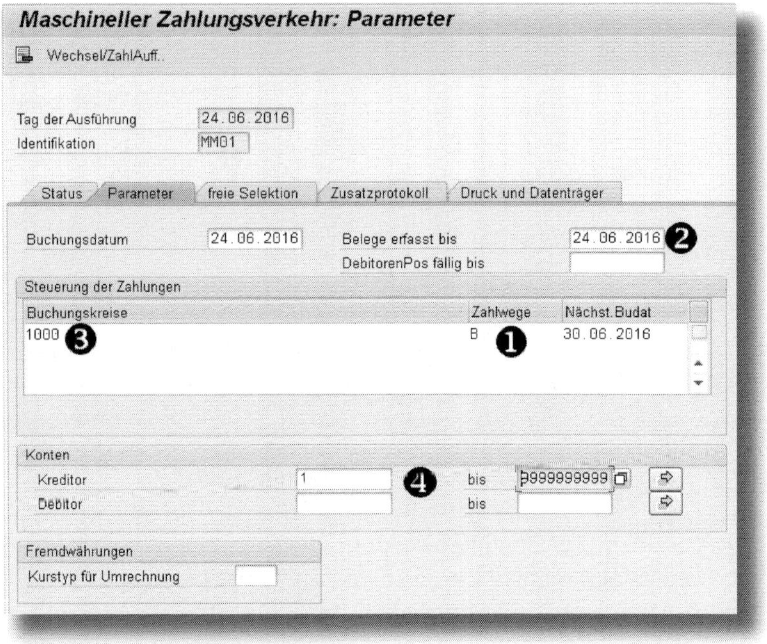

Abbildung 2.30: Maschineller Zahllauf (F110)

2.2.4 Beispiel für die Kundenauftragsabwicklung in SAP ERP

Als zweites Beispiel für einen Geschäftsprozess möchten wir Ihnen nun die Kundenauftragsabwicklung (»Order to Cash«) zeigen, wie weiter in Abbildung 2.31 dargestellt.

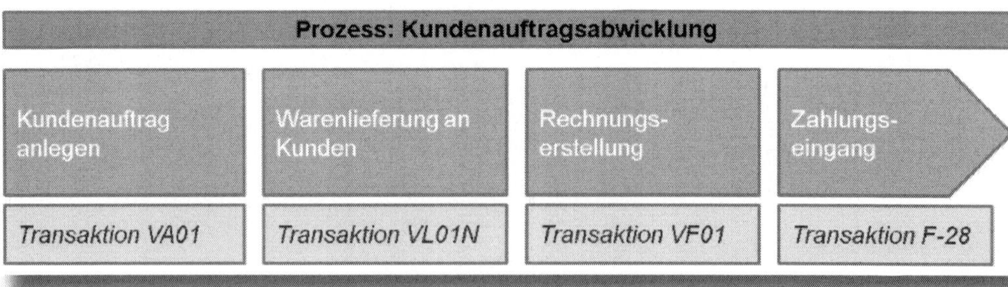

Abbildung 2.31: Prozessdarstellung der Kundenauftragsabwicklung

In diesem Beispielprozess gehen wir davon aus, dass ein Kunde von E.T. Deutschland (Buchungskreis ET01 in Frankfurt) über die deutsche Verkaufsorganisation ET15 einen Tablet-Computer bestellt hat. Ein Vertriebsmitarbeiter gibt also über die Transaktion `VA01` einen Kundenauftrag ein (siehe Abbildung 2.32). Zuerst tragen wir einen Kundenstammsatz ❶ ein, der zuvor angelegt wurde. Ganz unten ergänzen wir den Stammsatz für das verkaufte Material ❷ (dieser Datensatz war ebenso bereits vorhanden, als wir den Kundenauftrag anlegten); die Beschreibung des Materialstamms wird unter ❸ angezeigt. Anschließend geben wir die verkaufte Menge zusammen mit der Maßeinheit ❹ ein. Zum Abschluss überprüfen wir den Verkaufspreis des Produktes ❺ und geben das Werk ❻ an, von dem der Verkauf ausgeht. Unter ❼ sehen Sie die Zahlungsbedingungen, die aus dem Kundenstamm vorgeschlagen wurden. Über die Zahlungsbedingungen wird gesteuert, wann die Rechnung für den Kunden fällig ist, die wir ihm zusenden. Die Incoterms ❽ werden im Versand zur verwendet, um die Bedingungen festzulegen, zu welchen die Ware an den Kunden versandt wird.

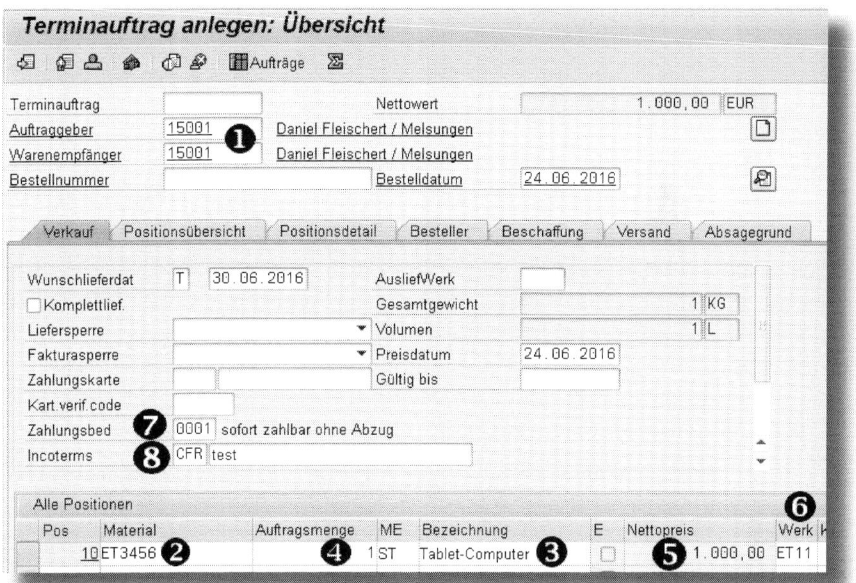

Abbildung 2.32: Anlegen eines Kundenauftrags

Sobald der Kundenauftrag angelegt wurde, und vorausgesetzt, die verkauften Waren sind im Lager vorrätig, können wir einen Lieferschein ausstellen. Mit der Transaktion `VL01N` verweisen wir auf den Kundenauftrag und bearbeiten alle für den Versand erforderlichen Informationen (siehe Abbildung 2.33). Wir müssen den WARENEMPFÄNGER ❶, das MATERIAL ❷ und die LIEFERMENGE ❸ angeben. Abhängig vom Lagerverwaltungsprozess wird die Ware dann aus dem Lager entnommen und verpackt, bevor sie versandfertig ist. Beim Verbuchen der Warenlieferung verringert das System zum einen die Materialmenge im Modul MM und passt zum anderen den Saldo des entsprechenden Materialbestandskontos in der Finanzbuchhaltung an.

Abbildung 2.33: Anlegen einer Warenlieferung an den Kunden

Wenn die Warenlieferung vollständig ist, besteht die Möglichkeit, eine Rechnung anzulegen. Beim Versand von Waren können Sie in der Regel erst dann eine Rechnung anlegen, wenn die Warenentnahme aus dem Bestand bestätigt wurde. Die Rechnung referenziert dann den Lieferschein. Im Rechnungsbeleg muss nichts weiter manuell bearbeitet werden, da alle benötigten Informationen aus dem Lieferschein und/oder dem Kundenauftrag kopiert werden (siehe Abbildung 2.34) – der REGULIERER (also der Kunde) ❶, die MATERIALnummer ❷ und -menge sowie der NETTOWERT ❸. Beim Speichern der Rechnung legt das System sowohl einen Rechnungsbeleg im SD-Modul an, der ausgedruckt und an den Kunden versandt wird, als auch einen Buchhaltungsbeleg, anhand dessen die offene Forderung, die gegenüber dem Kunden 15001 entstanden ist, verfolgt wird.

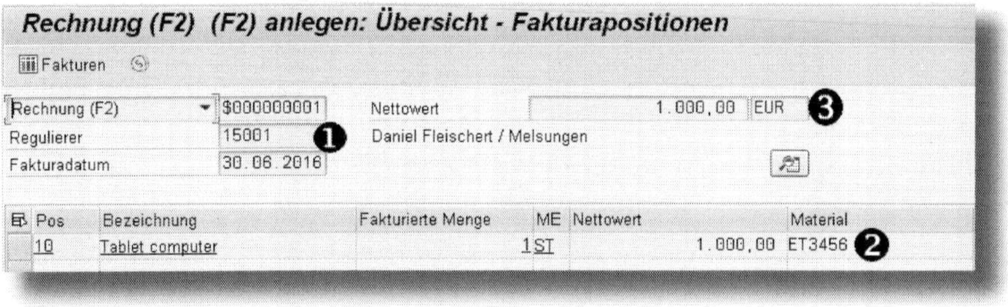

Abbildung 2.34: Versenden der Rechnung an den Kunden

Nachdem der Kunde die Rechnung erhalten hat, geht bei uns früher oder später die entsprechende Zahlung ein. Es gibt mehrere Möglichkeiten in SAP ERP, einen Zahlungseingang zu buchen; in dem Beispiel in Abbildung 2.35 verwenden wir die Transaktion F-28. Wie wir bereits anhand des Buchhaltungsbelegs in Abschnitt 2.3 demonstrierten, müssen Sie hier das BELEGDATUM und das BUCHUNGSDATUM ❶ sowie den BUCHUNGSKREIS und die WÄHRUNG ❷ eingeben. Der Beleg aus zwei Belegzeilen: einen für das Bankkonto, auf dem das Geld eingeht (als Sollbuchung) ❸, und einen für das Debitorenkonto (als Habenbuchung) ❹.

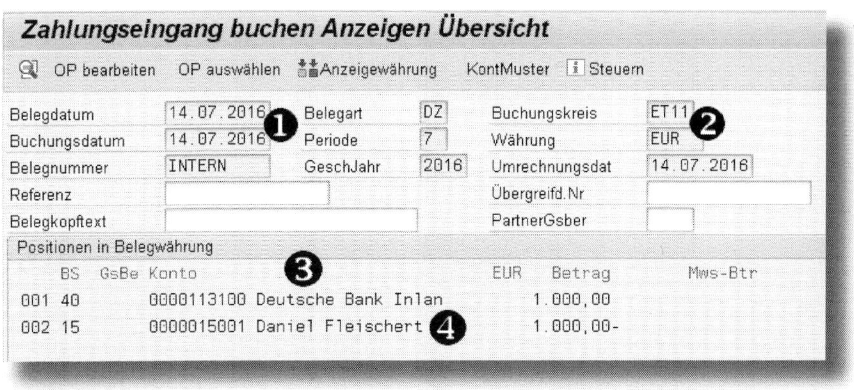

Abbildung 2.35: Zahlungseingang

Im folgenden Video gehen wir den gesamten Prozess der Auftragsabwicklung durch und zeigen Ihnen, wie dieser in SAP ERP verarbeitet wird.

Auftragsabwicklung in SAP ERP

Um das Video aufzurufen, folgen Sie bitte diesem Link:

http://5152V6.espresso-tutorials.de auf.

Damit sind wir am Ende der Darstellung zweier umfassender Prozesse in SAP ERP und am Ende dieses Abschnitts angelangt. Sie haben nun einen Überblick darüber gewonnen, wie Geschäftsprozesse im System aussehen.

2.3 Transaktionen

Dem Begriff »Transaktion« sind wir bereits einige Male begegnet. In diesem Abschnitt definieren wir zunächst, was eine Transaktion ist und wie sie mit dem SAP-ERP-System in Zusammenhang steht. Danach werden wir Sie Schritt für Schritt durch eine Beispieltransaktion führen.

2.3.1 Was ist eine Transaktion?

In einem SAP-System wird jede durchgeführte Aktion, die Informationen im System ändert, als *Transaktion* bezeichnet. Dieser Begriff hat sowohl eine betriebswirtschaftliche als auch eine technische Bedeutung. In betriebswirtschaftlicher Hinsicht ist eine Transaktion eine Maßnahme, die das Tagesgeschäft Ihres Unternehmens zum Ausdruck bringt. Dazu zählen Aktualisierungen Ihrer Stammdaten (Kundenadressen, Kreditorenkontodaten, Materialstammsätze usw.), das Erfassen von Warenbewegungen (Wareneingang, Warenlieferung) oder das Erfassen von Belegen (Debitorenrechnungen, Bestellungen von Lieferanten, Bilanzbuchungen). Prinzipiell wird jede Maßnahme, die Sie in einem SAP-System ausführen, als »Transaktion« bezeichnet – auch wenn Sie lediglich einen Bericht ausführen, ohne Daten zu ändern (z. B. den Kontoauszug für einen Kunden oder Ihre Unternehmensbilanz).

Beispiele für Transaktionen

Nachfolgend finden Sie einige typische Beispiele für Transaktionen:

- Anlegen eines Kundenstammsatzes
- Erteilen einer Bestellung an einen Lieferanten
- Verbuchen von Waren in Ihrem Lager
- Erfassen einer Kundenrechnung

Technisch betrachtet, geben Sie während einer Transaktion Daten ein oder ändern diese, und Sie schließen die Eingabe ab, indem Sie die Drucktaste SICHERN betätigen. Sobald Sie die Daten gesichert haben, speichert das System die eingegebenen Informationen in Form eines *Belegs* in der Datenbank. Technisch wird dies als *Commit* bezeichnet (siehe Abbildung 2.36). Dieser Vorgang läuft üblicherweise binnen einer Sekunde ab, weshalb das Konzept als »Echtzeitverarbeitung« bezeichnet wird. Sie können jederzeit zu dem Beleg zurückkehren und die erfassten Daten überprüfen.

Wenn Sie Ihre Daten aus irgendeinem Grund nicht sichern (etwa weil Sie die Transaktion abgebrochen haben, Sie auf einen Fehler gestoßen sind oder weil aufgrund eines Netzwerkproblems die Verbindung zum System verloren gegangen ist), werden diese in der Datenbank nicht aktualisiert. Die eingegebenen Daten werden stattdessen gänzlich verworfen; Sie müssen sich also keine Gedanken darüber machen, dass diese irgendwo im System unvollständig vorhanden sein könnten. Dieser Vorgang wird auch *Rollback* genannt.

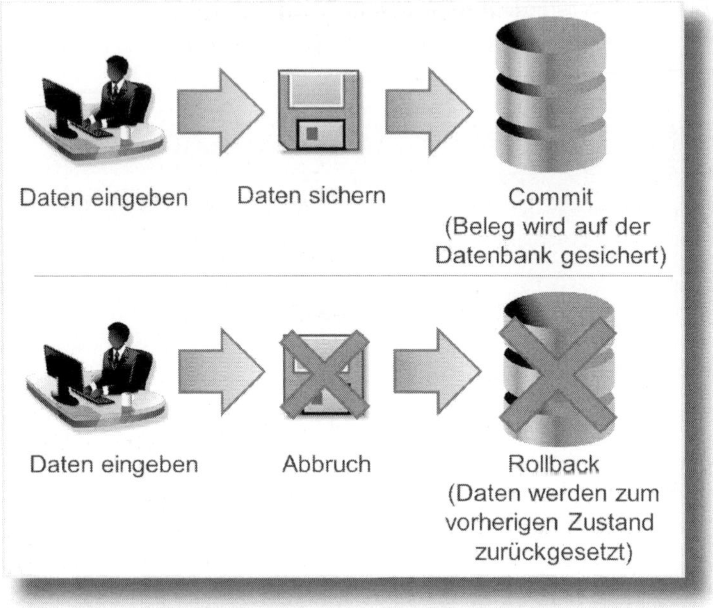

Abbildung 2.36: Datenbank-Commit und -Rollback

Die Summe aller Belege im System wird auch als *Transaktionsdaten* bezeichnet (im Gegensatz zu Organisationsdaten und Stammdaten, die wir in den folgenden Abschnitten erläutern).

2.3.2 Transaktionen in SAP ERP

Nun zeigen wir Ihnen ein einfaches Beispiel für eine Transaktion in SAP ERP: Wir demonstrieren, wie im Finanzwesen (Modul FI) ein Beleg gebucht wird. Wie wir bereits in Abschnitt 2.3 gezeigt haben, befindet sich die Transaktion zum Buchen eines Dokuments im Menübaum unter ACCOUNTING • FINANCIAL ACCOUNTING • POSTING • SACHKONTENBELEG EINGEBEN (Transaktion FB50) – siehe Abbildung 2.37.

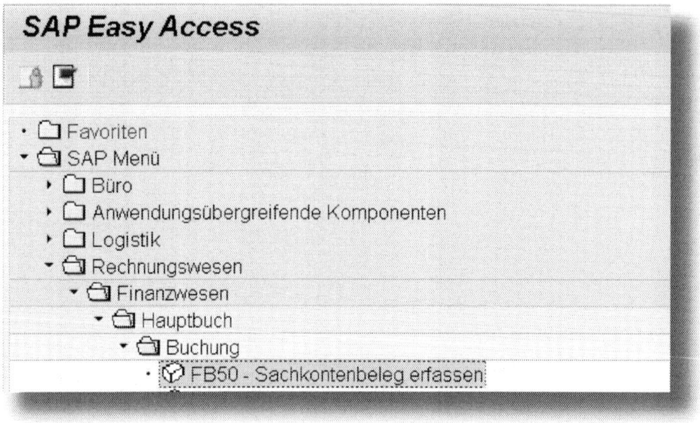

Abbildung 2.37: Menüpfad zum Buchen eines Buchhaltungsbelegs

In diesem Beispiel buchen wir einen Verbrauch von Rohstoffen. Das bedeutet, dass wir den Bestand an Rohstoffen verringern und gleichzeitig deren Verbrauch erhöhen. In der Sprache der Finanzbuchhalter heißt dies, dass das Rohstoff-Bestandskonto entlastet und das Rohstoff-Verbrauchskonto belastet wird. Zusätzlich zu den Kontoinformationen und dem zu verbuchenden Betrag müssen wir das Unternehmen angeben, in dem diese Buchung stattfindet, das Datum der Buchung sowie die Währung.

In Abbildung 2.38 sind die ersten Daten, die wir erfassen müssen, Datumsangaben – das BELEGDATUM und das BUCHUNGSDATUM ❷. Das Belegdatum ist das Datum, zu dem die Buchung tatsächlich stattgefunden hat – in diesem Fall, als der Materialverbrauch tatsächlich erfolgte. Das Buchungsdatum gibt dagegen an, zu welcher Buchungsperiode und welchem Geschäftsjahr der Beleg gehört. Diese Information ist für die Bilanz sehr wichtig. Die Daten können voneinander abweichen, wenn der Beleg beispielsweise erst einen Tag nach dem eigentlichen Verbrauch erfasst wird. Die WÄHRUNG für diese Transaktion ist Euro (EUR) ❸, da sich das Unternehmen ❶ in unserem Beispiel in Deutschland befindet.

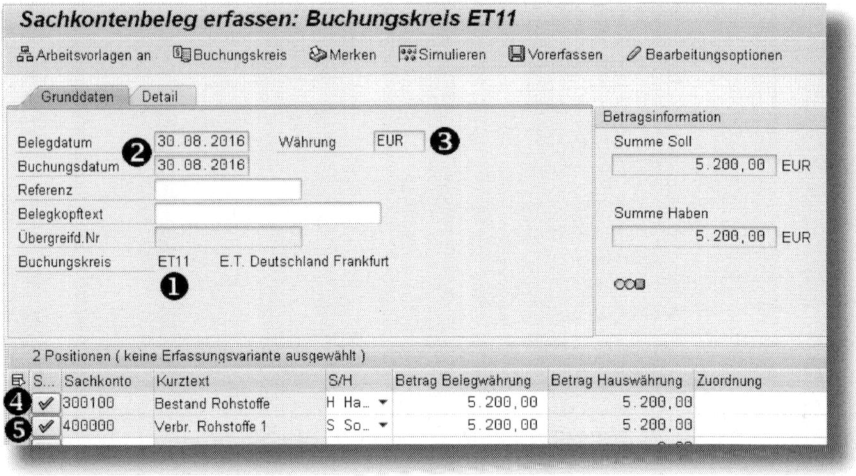

Abbildung 2.38: Buchen eines Buchhaltungsbelegs

Woher weiß das System, dass das Unternehmen in Deutschland ist? Ein SAP-System kann bis zu Tausende unterschiedlicher Unternehmen enthalten. Für die einzelnen Unternehmen müssen Sie einen Datensatz mit einer Reihe von Grundeinstellungen wie Standort, Adresse und Währung angeben. Dieser wird in SAP als *Buchungskreis* bezeichnet und ist Teil der Organisationsstruktur, die Sie für Ihr System einstellen müssen. Bevor Sie also mit dem Buchen beginnen können, müssen Sie zunächst alle Organisationseinheiten definieren. In Abschnitt 2.4 gehen wir näher auf Organisationseinheiten ein; bis auf Weiteres nehmen wir einmal an, dass wir bereits den Buchungskreis `ET11` ❶ mit dem Standort Frankfurt angelegt haben und daher »Euro« als Währung verwendet wird.

Sobald Sie ein Datum und eine Währung eingegeben haben, müssen Sie die *Sachkonten* angeben, auf denen Sie die Buchungen vornehmen möchten. Ein Konto ist in der Finanzbuchhaltung das grundlegende Element zur Erfassung und Klassifizierung von Wertflüssen. Jedes Konto hat eine eindeutige Nummer und eine Beschreibung und ist genau einem Buchungskreis zugeordnet. Im Gegensatz zu einem Buchungskreis stellt ein Konto keine Organisationseinheit dar; in einem Unternehmen kann es zahlreiche Konten geben (in der Regel mehrere Hundert), und sie unterliegen häufigen Änderungen. Ein Konto ist ein *Stammdaten*element, ein Konzept, auf das wir in Abschnitt 2.5 näher eingehen. Vorerst verwenden wir einfach einige schon bestehende Konten.

Sachkonten

zB

Hier sehen Sie einige Beispiele für Sachkonten:

- Lagerbestand
- Anlagenbestand von Maschinen
- Personalkosten
- Erlöse
- Materialverbrauch

In unserem Beispiel buchen wir auf die Konten für Materialbestand und Materialverbrauch. Wie bereits erwähnt, wird durch den Rohstoffverbrauch das Bestandskonto entlastet und das Materialverbrauchskonto belastet. In Abbildung 2.38 sehen Sie die beiden Konten ❹ und ❺ mit den jeweiligen Nummern (Spalte Sachkonto) und die Beschreibung (Kurztext). In Spalte S/H (Soll/Haben) wählen wir für jedes Konto aus, ob es sich um eine Soll- oder Habenbuchung handelt, und geben in der Spalte Betrag Belegwährung den Betrag ein. Rechts können wir unter Betragsinformationen ❻ überprüfen, ob unsere Sollsumme der Habensumme entspricht (da in einem Buchhaltungsbeleg Soll und Haben immer gleich sein müssen). Das ist in unserem Beispiel gegeben, weshalb wir den Beleg mithilfe der Drucktaste (Sichern) buchen. Das System bestätigt dies durch eine Informationsmeldung unten auf dem Bildschirm (siehe Abbildung 2.39).

Abbildung 2.39: Informationsmeldung nach dem Speichern

Sie können über den Menüeintrag Beleg • Anzeigen den Beleg prüfen, den Sie soeben gebucht haben (siehe Abbildung 2.40).

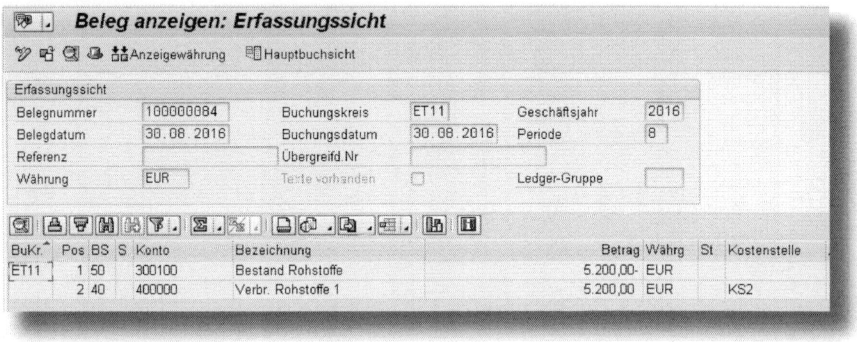

Abbildung 2.40: Beleg anzeigen

Im folgenden Video demonstrieren wir, wie in SAP ERP durch das Buchen eines Belegs im Finanzwesen (Modul FI) eine einfache Transaktion verarbeitet wird.

Durchführen einer Transaktion in SAP

Um das Video aufzurufen, folgen Sie bitte diesem Link:

http://5152V3.espresso-tutorials.de

Wir haben nun unser erstes Beispiel für eine betriebswirtschaftliche Transaktion in SAP ERP abgeschlossen. Sie haben gesehen, wie Sie über das Menü zur gewünschten Transaktion gelangen, welche Daten Sie eingeben, wie Sie sichern und wie Sie den Beleg anzeigen. Zudem haben wir die Konzepte von Organisationseinheiten und Stammdaten eingeführt, die wir in den folgenden Abschnitten näher erläutern.

2.4 Organisationseinheiten

In Abschnitt 2.3 haben wir erklärt, wie ein Buchhaltungsbeleg in SAP ERP gebucht wird. Um den Beleg buchen zu können, mussten wir einen Buchungskreis eingeben, den wir als eine »Organisationseinheit« bezeichneten. Nun gehen wir darauf ein, was eine Organisationseinheit eigentlich ist, wie sie verwendet und angelegt wird.

SAP ERP ist ein Standardsoftwaresystem und kann für Unternehmen in verschiedenen Branchen angepasst werden (wie in Kapitel 2 erläutert). Selbst innerhalb derselben Branche können sich die Organisationsstrukturen von Unternehmen recht deutlich voneinander unterscheiden, und es ist unwahrscheinlich, dass zwei Unternehmen identisch strukturiert sind. In SAP ERP wird die Organisationsstruktur zur Identifizierung der unterschiedlichen Bereiche verwendet, aus denen sich ein Unternehmen zusammensetzt. Für die unterschiedlichen Funktionen in einem Unternehmen gibt es diverse Organisationseinheiten, die wiederum durch die verschiedenen SAP-Module abgedeckt werden.

2.4.1 Überblick über die Organisationsstruktur in SAP ERP

Die oberste Organisationseinheit in einem SAP-ERP-System ist der *Mandant*. Als wir Ihnen in Abschnitt 2.1.1 zeigten, wie Sie sich am SAP-System anmelden, erwähnten wir bereits, dass Sie zusammen mit Ihren Anmeldedaten einen Mandanten eingeben müssen. Sie können sich einen Mandanten als obersten Knoten einer Gruppe von Unternehmen vorstellen, der alle Einstellungen und die für Ihr gesamtes Unternehmen relevanten Daten enthält. Wenn es sich bei Ihrem Unternehmen um einen multinationalen Konzern handelt, werden Sie in der Regel Ihr gesamtes Unternehmen unter einem Mandanten organisieren (z. B. das weltweit agierende Unternehmen »E.T.«, das wir Ihnen in diesem Abschnitt vorstellen, verwendet den Mandanten »100« für seinen globalen Betrieb). Besteht Ihr Unternehmen aus mehreren Unterorganisationen, die unabhängig voneinander betrieben werden (z. B. wenn »E.T.« eine Struktur mit einer amerikanischen, einer europäischen und einer asiatischen Niederlassung hätte), dann können Sie für diese theoretisch separate Mandanten unterhalten. Diese sind jedoch nicht völlig unabhängig voneinander; es gibt eine Reihe von Einstellungen, die alle Mandanten in einem System betreffen, d. h. eine Änderung in einem Mandanten würde sich entsprechend auf alle anderen auswirken. In der Praxis haben Sie gewöhnlich nur einen Mandanten in Ihrem SAP-ERP-System.

Alle anderen Organisationseinheiten in SAP ERP sind vom Mandanten abhängig. Zu jeder Funktion im System, wie Buchhaltung, Controlling, Einkauf usw. gibt es mehrere organisatorische Elemente, die Sie zur Implementierung Ihrer Organisationsstruktur verwenden können.

Überblick über die organisatorischen Elemente in SAP ERP

zB

Nachfolgend sind die wichtigsten Organisationseinheiten in SAP ERP aufgeführt:

- **Kostenrechnungskreis** (Modul CO; Basis für einheitliche Richtlinien und Verfahren für das interne Rechnungswesen)
- **Ergebnisbereich** (Modul CO; Bewertungsebene für die Ergebnisrechnung CO-PA)
- **Buchungskreis** (Modul FI; stellt eine selbstständig bilanzierende Einheit dar)
- **Werk** (für alle logistischen Module relevant; identifiziert einen logistischen Standort, an dem Waren gelagert und/oder hergestellt werden)
- **Verkaufsorganisation** (Modul SD; zur Zuweisung der Verkaufsverantwortung im Unternehmen)
- **Einkaufsorganisation** (Modul MM; strukturiert die Art und Weise, wie der Einkauf organisiert ist)

2.4.2 Beispiel für eine Organisationsstruktur

Anhand der oben aufgeführten Elemente können Sie die Grundstruktur Ihrer Organisation in SAP ERP einrichten, wie in Abbildung 2.41 dargestellt. In diesem Beispiel sehen Sie die globale Organisationsstruktur des fiktiven Unternehmens E.T. AG. Wie bereits erwähnt, sind all diese Elemente einem Mandanten (100) zugeordnet. Die oberste organisatorische Struktur ist der Kostenrechnungskreis, dem alle Buchungskreise zugeordnet sind. Dadurch wird sichergestellt, dass das gesamte Unternehmen dieselben Verfahren für das interne Rechnungswesen anwendet. Die Unternehmensleitung führt auf Ebene der Kostenrechnungskreise umfassende Berichte zum gesamten Unternehmen aus, um beispielsweise herauszufinden, ob die gebuchten Gemeinkosten den Vorgaben entsprechen oder die Marketingkosten gestiegen sind.

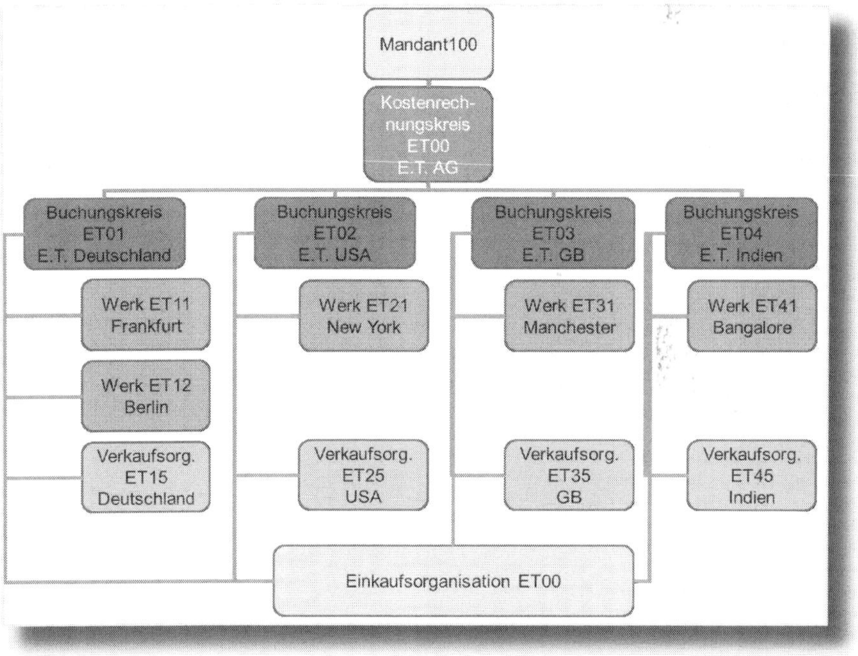

Abbildung 2.41: Beispiel für eine Organisationsstruktur in SAP ERP

Das Unternehmen E.T. besteht aus Teilunternehmen, die jeweils eine Ergebnisrechnung pro Jahr erstellen. Unternehmensstandorte sind Deutschland, die USA, Großbritannien und Indien. Jedes Teilunternehmen wird durch einen Buchungskreis dargestellt, sodass die Bilanz gemäß den Rechnungslegungsgrundsätzen der jeweiligen Länder in der lokalen Währung erstellt werden kann.

Das deutsche Unternehmen unterhält zwei verschiedene Standorte, in Frankfurt und in Berlin; alle anderen Unternehmen haben jeweils einen Standort. Die E.T. GmbH unterhält an jedem Standort eine Fabrik sowie ein Lager zur Herstellung und Lagerung der Waren. Das deutsche Unternehmen umfasst zwei physisch voneinander getrennte Standorte, die jedoch unter einer Gesellschaft zusammengefasst sind. In Bezug auf das SAP-System bedeutet das, dass wir für jeden Standort ein Werk haben und jedes Werk einem Buchungskreis zugewiesen wurde. Es ist möglich, einem Buchungskreis mehrere Werke zuzuweisen (andersherum jedoch nicht).

Die einzelnen Gesellschaften von E.T. organisieren ihren Vertrieb unabhängig voneinander. Das deutsche Vertriebsteam ist beispielsweise in zwei Teams aufgeteilt, das eine sitzt in Frankfurt und betreut alle Kunden im Westen Deutschlands. Das andere Team in Berlin ist für die Kunden im Osten des Landes verantwortlich. In den USA ist der Vertrieb zentral ausgerichtet, damit sich die Vertriebsteams jeweils nach den örtlichen Anforderungen organisieren können. Die E.T. GmbH verwendet in ihrem SAP-System unterschiedliche Verkaufsorganisationen, und zwar eine für jeden Buchungskreis.

Auch der Einkauf ist zentral organisiert. Es gibt ein Team, das für den Einkauf für alle Standorte weltweit verantwortlich ist, sodass Kundenrabatte bestmöglich genutzt werden können. Folglich wurde für E.T. nur eine Einkaufsorganisation eingerichtet, die allen Buchungskreisen und Werken zugewiesen ist.

2.4.3 Definieren einer Organisationseinheit in SAP ERP

Wie in Kapitel 1 erwähnt, kann ein SAP-ERP-System von Unternehmen in unterschiedlichen Branchen genutzt werden. Es ist jedoch nicht so, dass Sie einfach das System von einem Datenträger installieren und dann sofort zu buchen beginnen. Das System muss zunächst konfiguriert werden, bevor Sie es für Ihre Geschäftsprozesse verwenden können. Die eingeführten Organisationseinheiten stellen die Basis für die Systemkonfiguration dar, es gibt darüber hinaus jedoch noch weitere Einstellungen. Für jeden Geschäftsprozess müssen zahlreiche Parameter richtig festgelegt werden, damit sie zu Ihrem Geschäft passen. Die Konfiguration eines SAP-Systems wird in der Regel im Rahmen von Implementierungs- oder Redesign-Projekten vorgenommen. In einem solchen Projekt werden die Geschäftsanforderungen analysiert und in die SAP-Begriffswelt übertragen (auch als «Business-Blueprint« bezeichnet). Dieses Konzept wird dann während der Systemkonfiguration implementiert. Nach Abschluss eines Implementierungsprojektes ist das System an die Geschäftsprozesse des Unternehmens angepasst, und die Systemkonfiguration sollte nur noch aus wichtigen Gründen (z. B. Fehler oder neue Anforderungen) geändert werden.

Die Systemkonfiguration ist in einem eigenen Menü strukturiert und »normalen« Anwendern in der Regel nicht zugänglich. In SAP wird dieses Menü als *Customizing* bezeichnet; es dient ausschließlich der Bearbeitung aller erforderlichen Systemparameter. Das Konfigurationsmenü enthält alle erforderlichen Mittel zur Einrichtung der organisatorischen Struktur eines Unternehmens und zur Definition der Geschäftsprozesse. Sie erhalten nun einen ersten Einblick in das Konfigurationsmenü; als Beispiel werden wir die Einstellung der organisatorischen Elemente für einen Buchungskreis darstellen.

Sie gelangen über Werkzeuge • Customizing • IMG • Projektbearbeitung ins Konfigurationsmenü (siehe Abbildung 2.42). Alternativ können Sie auch den Transaktionscode `SPRO` verwenden.

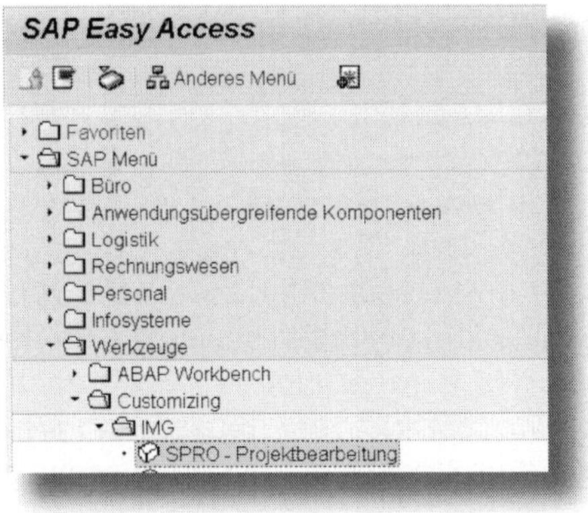

Abbildung 2.42: Menüpfad zum Customizing-Untermenü

Das Customizing-Untermenü besteht aus insgesamt drei Menübaumstrukturen, die als *IMG* (Englisch: implementation guide, Einführungsleitfaden) bezeichnet werden. Der IMG ist in Bezug auf seine Komplexität mit dem regulären Anwendungsmenü vergleichbar, das Sie bereits kennengelernt haben. Sie werden allerdings in einem bestimmten SAP-Implementierungsprojekt nicht alle verfügbaren Funktionen benötigen. Daher ermöglicht es SAP, einen projektspezifischen IMG für jedes Projekt anzulegen, das Sie durchführen. Innerhalb dieses IMGs wählen Sie nur die Transaktionen aus, die Sie tatsächlich benötigen. Die Transaktion `IMG Projektmanagement` ist der Ausgangspunkt für alle Aktivitäten, die Sie im Customizing ausführen (siehe Abbildung 2.43); für den Fall, dass Sie nicht an einem laufenden Projekt arbeiten, können Sie jederzeit den SAP-Referenz-IMG verwenden, der alle verfügbaren Customizing-Transaktionen enthält.

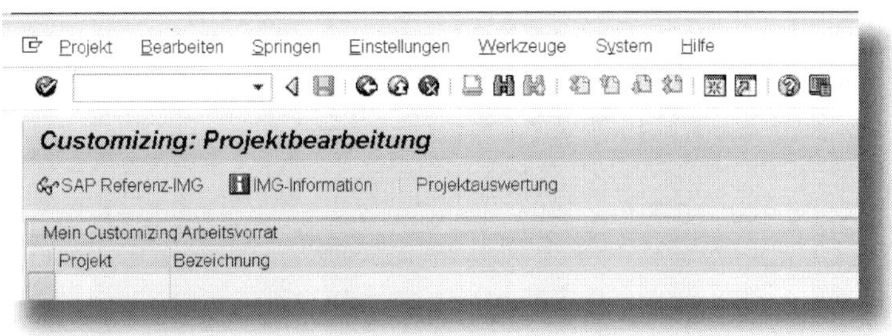

Abbildung 2.43: IMG-Projektmanagement

Der IMG ist grundsätzlich nach SAP-Modulen strukturiert und enthält zudem globale Einstellungen, z. B. für die Organisationsstruktur (siehe Abbildung 2.44).

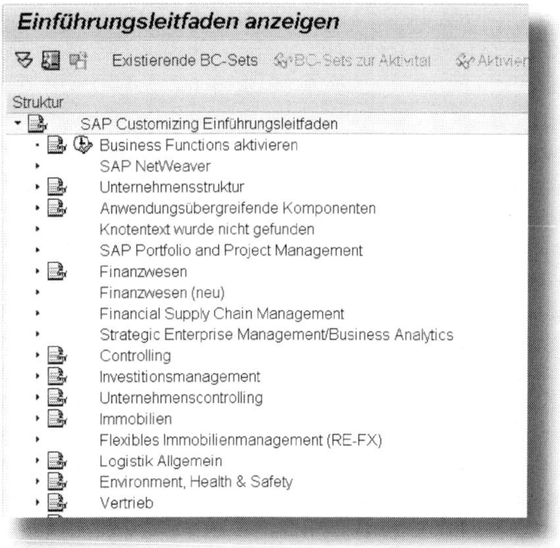

Abbildung 2.44: SAP-Standard-Einführungsleitfaden (IMG)

Am Beispiel eines Buchungskreises zeigen wir Ihnen nun, wie Sie im SAP-Customizing eine Organisationseinheit erstellen. Dazu wählen wir den Menüpfad Enterprise Structure • Definition • Financial Accounting • Edit, Copy, Delete, Check Company Code • Edit Company Code Data (siehe Abbildung 2.45).

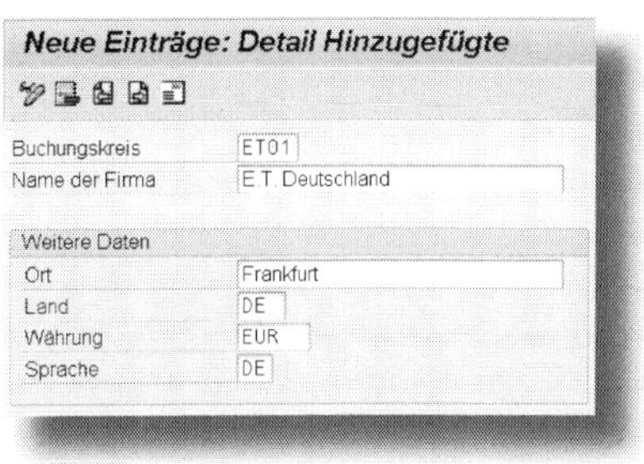

Abbildung 2.45: Buchungskreis erstellen

Auf diesem Bild geben wir einen eindeutigen Code für den Buchungskreis ein (`ET01`), den Unternehmensnamen und die grundlegenden geografischen Standortdaten des Unternehmens. Sie werden auch dazu aufgefordert, die genaue Adresse zum Buchungskreis anzugeben. Nachdem Sie den Buchungskreis erstellt haben, müssen Sie einige Grundeinstellungen vornehmen, bevor Sie diesen in der Finanzbuchhaltung verwenden können. Sie tun dies im Customizing über FINANCIAL ACCOUNTING (NEW) • FINANCIAL ACCOUNTING GLOBAL SETTINGS (NEW) • GLOBAL PARAMETERS FOR COMPANY CODE • ENTER GLOBAL PARAMETERS (siehe Abbildung 2.46). Wir werden hier nicht ins Detail gehen und alle verfügbaren Parameter erklären; wir beschränken uns exemplarisch auf den KONTENPLAN. Über diesen wird definiert, welche Sachkonten Sie in Ihren Buchungskreisen verwenden und wie diese Konten klassifiziert sind. Sie haben Sachkonten bereits bei der Erfassung eines Buchhaltungsbelegs in Abschnitt 2.3 kennengelernt. Wir werden Ihnen in Abschnitt 2.5.2 zeigen, wie Sie für diesen Kontentyp Stammsätze anlegen.

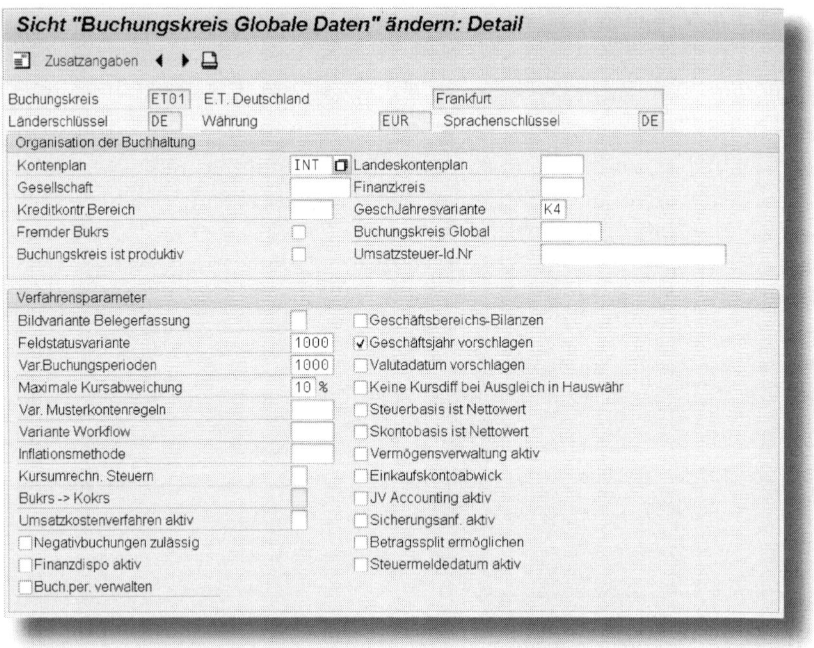

Abbildung 2.46: Globale Einstellungen zum Buchungskreis

Im folgenden Video zeigen wir Ihnen, wie in SAP ERP durch das Erstellen eines Buchungskreises eine Organisationseinheit eingerichtet wird.

Definieren einer Organisationseinheit in SAP

Um das Video aufzurufen, folgen Sie bitte diesem Link:

http://5152V4.espresso-tutorials.de auf.

Sie haben nun einen allgemeinen Überblick über Organisationseinheiten in SAP erhalten und erfahren, welche grundlegenden Einheiten es gibt bzw. wie diese zusammenhängen. Wir sind außerdem kurz darauf eingegangen, was eine Konfiguration ist und wie im Customizing-Menü (der SAP-Begriff für »Konfiguration«) eine Organisationseinheit erstellt wird. Im Weiteren erklären wir Ihnen das Konzept der Stammdaten in SAP ERP.

2.5 Stammdaten

Sie wissen bereits, was eine Organisationseinheit ist und wofür diese verwendet wird. Nun zeigen wir Ihnen, was Stammdaten sind, wie diese mit Organisationseinheiten in Zusammenhang stehen und welche Rolle sie in Geschäftsprozessen spielen.

2.5.1 Was sind Stammdaten?

In Abschnitt 2.3 haben wir dargestellt, wie ein Buchhaltungsbeleg gebucht wird; dazu verwendeten wir Buchhaltungsbelege. Bei der Erstellung eines Buchungskreises in Abschnitt 2.4 haben wir den Kontenplan angesprochen. Ein Sachkonto ist ein typisches Beispiel für ein *Stammdaten*-Element. Jeder Stammdatensatz bezieht sich jeweils auf eine Organisationseinheit (z. B. ein Sachkonto, das zu einem Buchungskreis gehört). Im Gegensatz zu Organisationseinheiten treten

Stammdatensätze in viel größerem Umfang auf, und sie unterliegen häufiger Änderungen (beispielsweise können sich die Adressdaten eines Kunden oder Lieferanten ändern). So ist es nicht ungewöhnlich, dass die Datenbank eines mittelständischen Unternehmens mehr als 100.000 Kunden oder Materialien enthält.

Stammdatenelemente

zB

Zu den am häufigsten verwendeten Stammdatenelementen in SAP ERP zählen:

- Finanzkonten (zur Klassifizierung von Finanzbuchungen, beziehen sich auf einen Buchungskreis),
- Kostenstellen (Verantwortungsbereiche im Controlling, die einem Kostenrechnungskreis zugewiesen sind),
- Kunden (Personen oder Unternehmen, an die Sie Produkte oder Dienstleistungen verkaufen; von einer Verkaufsorganisation abhängig),
- Lieferanten (Personen oder Unternehmen, von denen Sie Produkte oder Dienstleistungen einkaufen; mit einer Einkaufsorganisation verknüpft),
- Materialien (Produkte, die Sie kaufen, herstellen, lagern und/oder verkaufen; in Bezug auf ein Werk definiert).

Stammdaten werden also verwendet, um die Details zu jedem Geschäftsvorgang bereitzustellen – auf welches Konto Sie buchen, an welche Kunden Sie verkaufen oder von welchen Lieferanten Sie Produkte einkaufen. Sie tragen außerdem zur Konsistenz Ihrer Geschäftsdaten bei. Immer dann, wenn Sie beispielsweise ein Produkt zum ersten Mal verkaufen, müssen Sie zunächst einen Stammdatensatz dafür anlegen. Dabei geben Sie alle erforderlichen Details zu diesem Produkt ein – Nummer, Name, Klassifikation, Gewicht, Preis usw. Wenn Sie dieses Produkt das nächste Mal verkaufen, können Sie auf denselben Stammdatensatz zurückgreifen. Dies erleichtert Ihnen, in Ihren

Verkaufsberichten zu identifizieren, dass Sie dasselbe Produkt bisher zwei Mal verkauft haben; daran können Sie ablesen, welches Ihrer Produkte sich am besten verkauft. Auf dieselbe Weise legen Sie zu jedem Geschäftspartner, an den Sie Produkte verkaufen, einen Kundenstammsatz an. Da Sie denselben Kunden in verschiedenen Geschäftsvorgängen erkennen, können Sie einfacher feststellen, wer Ihre besten Kunden sind – und diese Informationen sind für die Vertriebs- und Marketingabteilungen nützlich. Sie können auch überprüfen, welche Kunden dazu neigen, Rechnungen zu spät zu bezahlen, was wiederum eine wichtige Information für Ihre Debitorenbuchhaltung ist.

2.5.2 Erstellen eines Stammdatensatzes in SAP ERP

Nun zeigen wir Ihnen, wie ein Sachkonto angelegt wird. Die Transaktion zum Anlegen eines Kontos finden Sie im Menü unter ACCOUNTING • FINANCIAL ACCOUNTING • GENERAL LEDGER • MASTER RECORDS • G/L ACCOUNTS • INDIVIDUAL PROCESSING • IN CHART OF ACCOUNTS (siehe Abbildung 2.47).

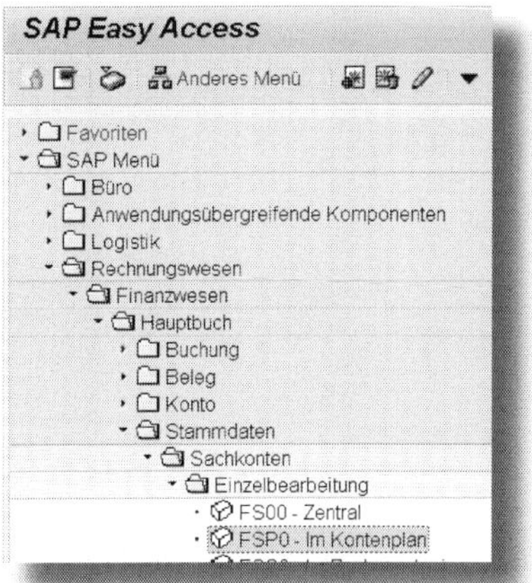

Abbildung 2.47: Menüpfad zum Anlegen eines Kontos

Wenn Sie ein Konto anlegen, müssen Sie eine Reihe von Parametern erfassen (siehe Abbildung 2.48). Als Erstes geben Sie die Kontonummer an ❶. Die KONTENGRUPPE ❷ und der ERFOLGSKONTENTYP ❸ helfen Ihnen bei der Klassifizierung des Kontos innerhalb der Bilanzstruktur.

Abschließend geben Sie einen beschreibenden KURZ- und einen LANGTEXT ❹ ein und weisen eine GRUPPENKONTONUMMER ❺ für die Konsolidierung zu.

Kurztexte vs. Langtexte

In unserem Beispiel zum Anlegen eines Kontos haben Sie gesehen, dass manchmal Felder für Kurz- oder Langtexte angezeigt werden.

In Langtexten können Sie eine vollständige Beschreibung für das Objekt festlegen, in Kurztexten Ihre eigene abgekürzte Beschreibung definieren. SAP verwendet automatisch eine der beiden Varianten, je nachdem, welchen Report oder welche Transaktion Sie verwenden und wie viel Platz für die Beschreibung zur Verfügung steht.

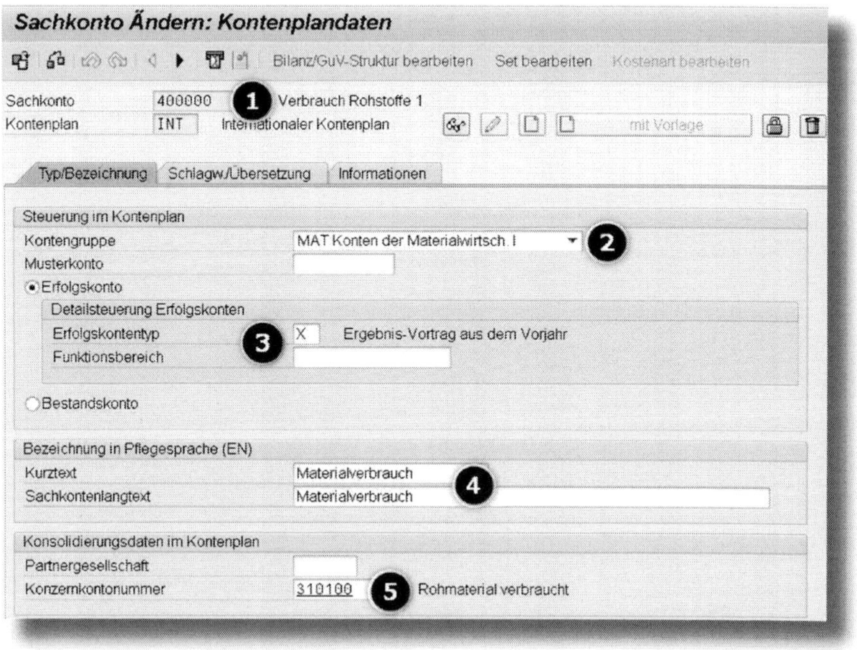

Abbildung 2.48: Parameter für Finanzkonten

Im folgenden Video zeigen wir, wie in SAP ERP durch die Definition eines Kontos im Finanzwesen (Modul FI) ein Stammdatensatz angelegt wird.

Anlegen eines Sachkontenstammsatzes

Um das Video aufzurufen, folgen Sie bitte diesem Link:

http://5152V5.espresso-tutorials.de auf.

Zusätzlich zu den Organisationsdaten sind Sie nun auch mit Stammdaten vertraut. Beide Konzepte bilden die Basis für die Erstellung von Geschäftsprozessen, die wir im Abschnitt 2.2.2 besprochen haben.

2.6 Überblick über die einzelnen Module in SAP ERP

Nachdem Sie einige grundlegende Konzepte des SAP-ERP-Systems kennengelernt haben, stellen wir Ihnen nun die einzelnen funktionalen Module vor, die das System umfasst.

2.6.1 Finanzmodule (FI, CO)

Die Module des SAP-Rechnungswesens bieten Unternehmen Echtzeitanalysetools für die Kostenrechnung und das Finanzwesen. Das Rechnungswesen ist primär in die Module *Finanzwesen (FI)* und *Controlling (CO)* unterteilt. Das Finanzwesen umfasst die Buchhaltung, Korrespondenz mit Kunden und Lieferanten sowie das externe Berichtswesen. Das Controlling dient in erster Linie dem internen Berichtswesen sowie Managementanalysen und bietet eine andere Sicht auf die Finanzzahlen als das Finanzwesen. Beide Module sind vollständig in alle SAP-Aktivitäten integriert, ermöglichen jedoch abhängig von den Bedürfnissen eines Unternehmens unterschiedliche Informationen. Darüber hinaus sind das Finanzwesen und das Controlling noch in weitere Untermodule aufgeteilt, die wir Ihnen nun vorstellen.

Finanzwesen – Hauptbuch

Im *Hauptbuch (FI-GL)* werden alle Buchhaltungsbelege gebucht. Die wichtigste Aufgabe des Hauptbuchs ist die Gewährleistung des externen Berichtswesens wie z. B. der Handelsbilanz oder einer Steuererklärung. Durch die Integration des SAP-Systems werden die Buchhaltungsdaten immer automatisch aktualisiert, wenn in den anderen Modulen ein Geschäftsvorgang erfasst wird (siehe Abbildung 2.49). Anhand von Tools wie dem *Document Relationship Browser* (siehe Abbildung 2.50) können Sie die Daten über alle Transaktionen und Belege mit Bezug zu Ihrem Buchhaltungsbeleg oder Ihrer Buchung zurückverfolgen. Im SAP-Hauptbuch haben Sie die Möglichkeit, sich die gesamten Salden und Einzelpostendetails jedes Hauptbuchkontos anzeigen zu lassen. Sie können auch Summen- und Saldenlisten sowie eine vollständige Gewinn- und Verlustrechnung im Hauptbuch aufrufen.

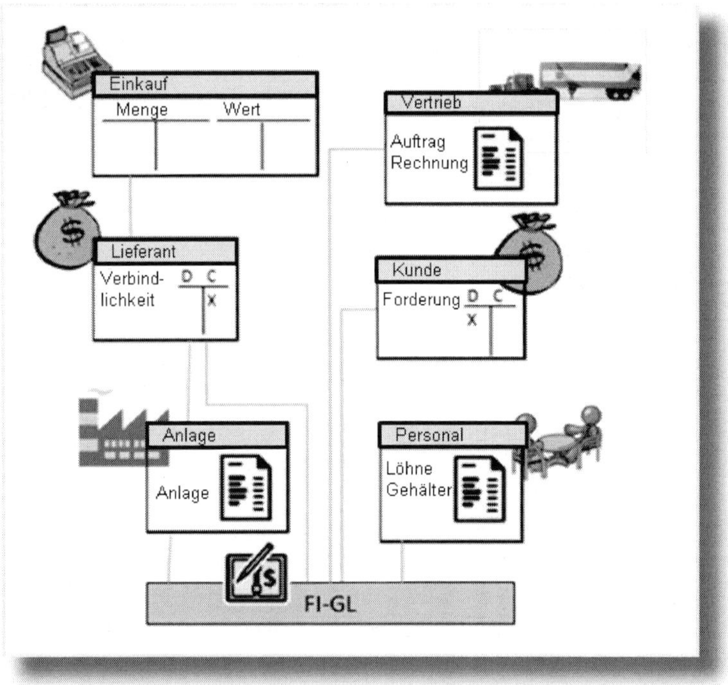

Abbildung 2.49: Hauptbuchintegration in andere Module

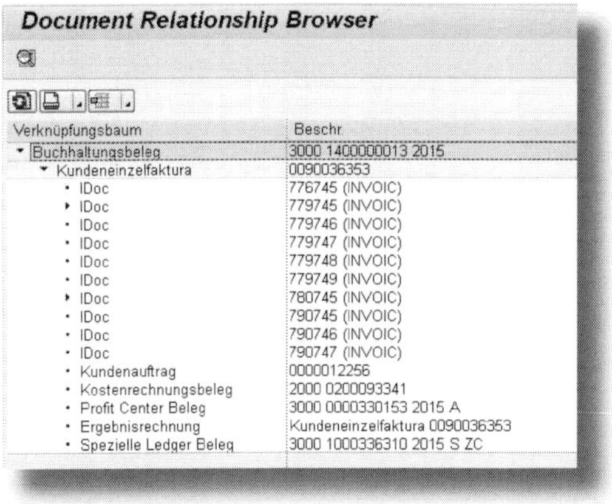

Abbildung 2.50: Document Relationship Browser in der Buchhaltung

Mit den neueren Entwicklungen im SAP-Hauptbuch lässt sich auch eine *parallele Rechnungslegung* darstellen. Anhand der parallelen Rechnungslegung können Sie parallele Ledger (Bücher) anlegen und verwalten, damit Sie für diese den gesetzlichen Vorgaben für die Berichterstattung (Compliance) in anderen Ländern nachkommen können. (Diese Anforderung wurde früher durch spezielle Ledger abgedeckt.) Parallele Ledger werden automatisch zur selben Zeit wie das Hauptbuch aktualisiert. Es sind aber ebenso Buchungen in nur einem der parallelen Ledger erlaubt, um lokalen Anforderungen gerecht zu werden. Für parallele Ledger können Sie einen gemeinsamen Kontenplan verwenden und je nach den gesetzlichen Vorschriften spezielle Konten hinzufügen (siehe Abbildung 2.51).

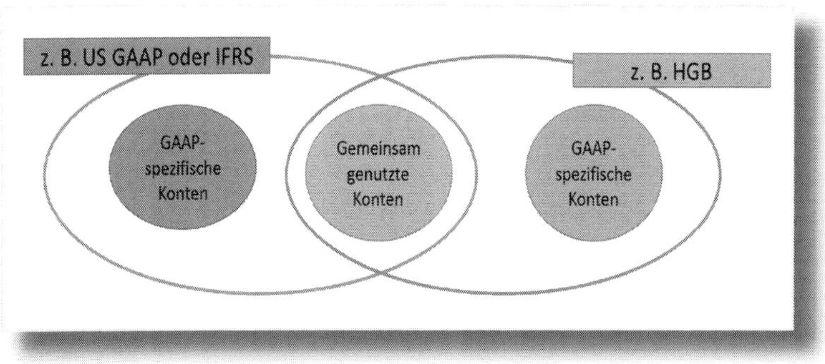

Abbildung 2.51: Parallele Rechnungslegung

Finanzwesen – Debitorenbuchhaltung

In der *Debitorenbuchhaltung (FI-AR)* können Sie die offenen Posten Ihrer Kunden, Einzelpostendetails zu Geschäftsvorfällen und den Zahlungsverlauf anzeigen. Die Personenkonten der Debitoren werden über *Abstimmkonten* mit dem Hauptbuch abgeglichen. Wenn Sie beispielsweise eine Rechnung an einen Kunden senden, generieren Sie automatisch eine Buchung im Debitoren-Nebenbuch für den Kunden, die über das Abstimmkonto automatisch ins Hauptbuch eingeht. Gleichzeitig erzeugen Sie eine Erlösbuchung für den erzielten Umsatz in der Gewinn- und Verlustrechnung. In Abbildung 2.52 sehen Sie die Einstellungen für das Abstimmkonto im SAP-Sachkontenstammsatz.

Abstimmkonten

Ob ein Konto ein Abstimmkonto ist, wird im Sachkontenstamm festgelegt. Auf Abstimmkonten wird automatisch durch Nebenbuchvorgänge gebucht; manuelle Buchungen sind für sie unzulässig. Auf diese Weise ist das Nebenbuch mit dem Hauptbuch abgestimmt.

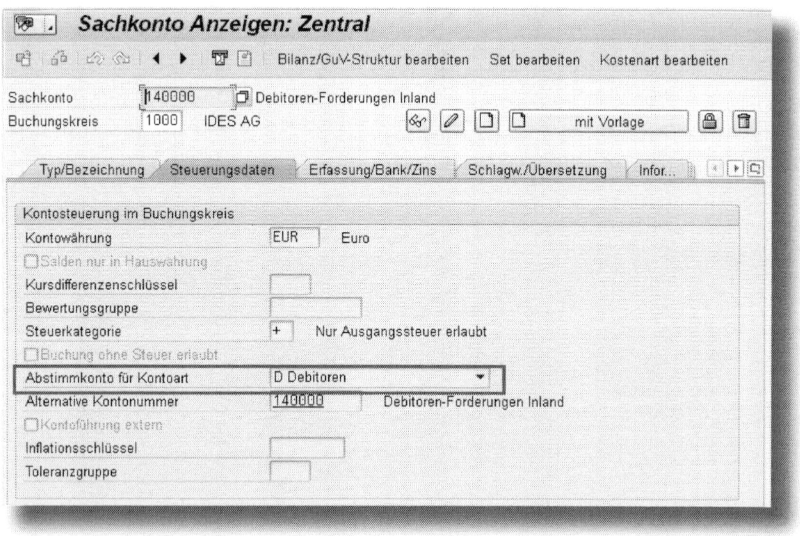

Abbildung 2.52: Abstimmkonto für Kunden (Debitoren)

Finanzwesen – Kreditorenbuchhaltung

In der *Kreditorenbuchhaltung (FI-AP)* können Sie alle Buchhaltungsdaten mit Bezug zu Lieferanten verwalten. Hier zeigen Sie Verbindlichkeiten an, die Sie gegenüber Lieferanten haben, sowie Einzelpostendetails, den Zahlungsverlauf und Verbindungen zu Wareneingangs- und Einkaufsbelegen. Auch in der Kreditorenbuchhaltung werden Abstimmkonten verwendet, um die Verbindung zwischen dem Kreditoren-Nebenbuch und Hauptbuch aufrechtzuerhalten. Ähnlich, wie Debitoren eng an Verkaufsaktivitäten gebunden sind, so sind Kreditoren dicht mit dem Einkauf verknüpft. Wenn ein Lieferant eine Rechnung zu einer Lieferung sendet, prüft das System die Rechnung auf Basis der Bestellung, bucht automatisch die Verbindlichkeiten gegenüber dem Lieferanten und übertragt automatisch Betrag auf der Habenseite des Kreditoren-Abstimmkontos im Hauptbuch. In Abbildung 2.53 sehen Sie eine weitere grafische Darstellung davon, wie Nebenbücher und Abstimmkonten zusammen verwendet werden.

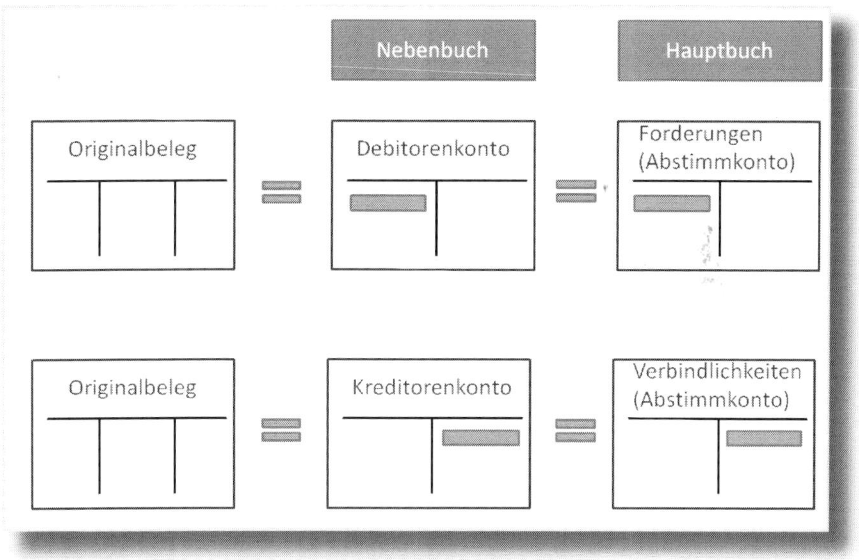

Abbildung 2.53: Abstimmkonten und Nebenbücher

Finanzwesen – Anlagenbuchhaltung

In der *Anlagenbuchhaltung (FI-AA)* werden sämtliche Güter des langfristigen Anlagevermögens verwaltet. Damit können die Werte der gesamten Geschäftsausstattung, der beweglichen Güter, Immobilien sowie immaterieller Vermögenswerte nachverfolgt werden. Das Anlagenbuchhaltungsmodul bucht darüber hinaus Abschreibungen und kann sie nach vielen Methoden und gesetzlichen Vorgaben berechnen. In dieser Hinsicht ist es in der Lage, mit dem Hauptbuch und sämtlichen eventuell eingesetzten parallelen Ledgern zu interagieren. Es ist zudem vollständig in andere SAP-Module integriert. Sie können beispielsweise Bestellungen verwenden, um direkt einen Anlagegegenstand zu kaufen und gleichzeitig alle relevanten Buchungen automatisch zu erzeugen. In Abbildung 2.54 sehen Sie ein Beispiel für die verschiedenen Möglichkeiten, Anlagevermögen in andere Module in SAP zu integrieren.

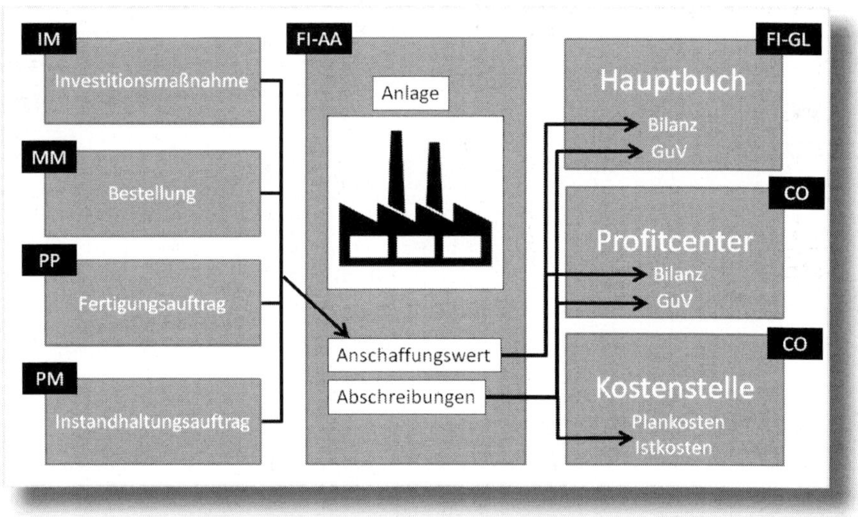

Abbildung 2.54: Integration der Anlagenbuchhaltung

Controlling – Kostenstellenrechnung

Die *Kostenstellenrechnung (CO-OM-CCA)* bietet die Möglichkeit, die angefallenen Kosten je Organisationseinheit, z. B. Abteilungen, zu verfolgen, zu planen und dafür Prognosen und Berichte zu erstellen. Sie ermöglicht es Ihnen, Gemeinkosten dahingehend zu analysieren, wo genau sie in Ihrem Unternehmen verursacht wurden. Wenn Sie Kosten nach Verantwortlichkeiten planen, können Sie anschließend die Abweichung zwischen Ihren Plan- und Istkosten ermitteln (in Abbildung 2.55 sehen Sie beispielhaft einen SAP-Standardbericht). Mit der Kostenstellenrechnung können Sie außerdem Kosten zwischen verschiedenen Kostenstellen anhand verschiedener Kostentreibern verrechnen, wie etwa Heizkosten anhand der genutzten Bürofläche oder IT-Kosten auf Basis der genutzten PCs je Abteilung.

Kostenstellen: Ist/Plan/Abweichung   Stand: 02.09.2016   Seite: 2 / 3
Spalte: 1 / 2
Kostenstelle/Gruppe *
Verantwortlicher:
Berichtszeitraum: 1 bis 12 2016

Kostenarten	Istkosten	Plankosten	Abw (abs)	Abw (%)
400000 Verbr. Rohstoffe 1	116,01		116,01	
400666 Verbr. Büromaterial		24,00	24,00-	100,00-
420000 Fertigungs-Loehne				
430000 Gehaelter	200,00-	1.092.000,00	1.092.200,00-	100,02-
470000 Raumkosten	11.000,00	210.000,00	199.000,00-	94,76-
476000 Bueromaterial	1.125,00		1.125,00	
476300 External Services	504,20		504,20	
476900 Sonstige Kosten	178,04		178,04	
477050 Externe Referenten	2.301,00		2.301,00	
477055 Schulungsunterlagen	1.500,00		1.500,00	
612000 DILV Verwaltung	70.000,00		70.000,00	
620000 DILV Maschinenkoste		30.000,00	30.000,00-	100,00-
650000 Auftragsabrechnung	100,00		100,00	
800200 Erlöse	26.800,00-		26.800,00-	
* Belastung	59.824,25	1.332.024,00	1.272.199,75-	95,51-
655110 GMKZ Sonst. Materia	41,00-		41,00-	
655200 GMKZ Personal	102,49-		102,49-	
* Entlastung	143,49-		143,49-	
** Über-/Unterdeckung	59.680,76	1.332.024,00	1.272.343,24-	95,52-

Abbildung 2.55: Bericht Ist/Plan/Abweichung für Kostenstellen

Controlling – Produktkosten-Controlling

Das *Produktkosten-Controlling* ermöglicht die Analyse von Produktkosten, z. B. für hergestellte Güter oder bereitgestellte Dienstleistungen. Es stellt umfassende Funktionen zum Planen und Verfolgen der Kosten für die Herstellung und den Verkauf von Gütern bereit. Im Produktkosten-Controlling können Sie Standardpreise zur Bestandsbewertung festlegen, die der Berechnung von Preis- und Produktionsabweichungen zugrunde liegen. Diese Abweichungen geben Aufschluss darüber, wo sich Verbesserungspotenzial in Ihrem Produktionsprozess verbirgt, oder helfen Ihnen, den Einfluss von Rohstoffpreisen auf die Herstellkosten Ihres Endproduktes zu identifizieren (siehe Abbildung 2.56).

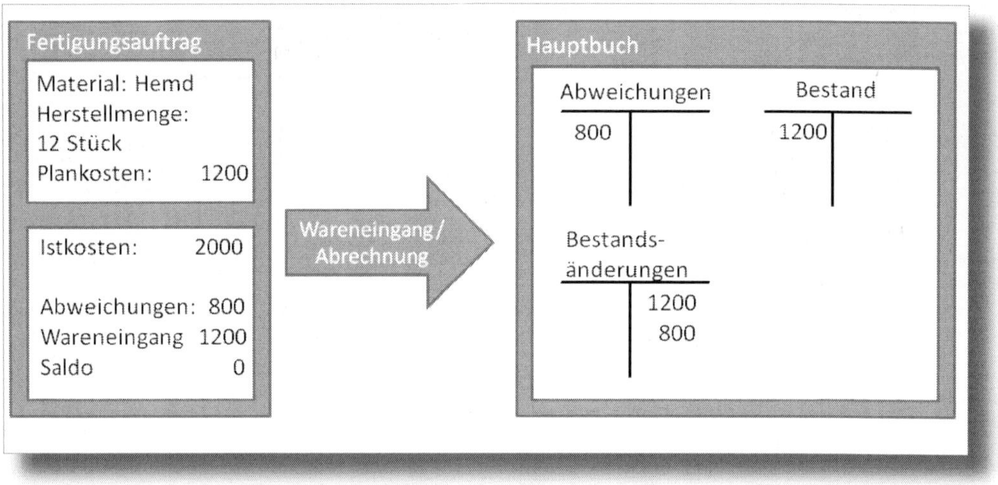

Abbildung 2.56: Produktionsabweichungen und Wareneingang

Das Produktkosten-Controlling bietet darüber hinaus eine Vielzahl von Methoden zur Berechnung und Buchung von Fertigungsgemeinkosten. Dafür ist es eng mit anderen SAP-Modulen verbunden, sodass Materialstammdaten, Stücklisten und Arbeitspläne das Produktkosten-Controlling mit Daten versorgen können (siehe Abbildung 2.57).

Dieses versorgt wiederum Bestandsbewertungen, Hauptbuchkonten, Fertigungsauftragsanalysen und Rentabilitätsanalysen mit Daten.

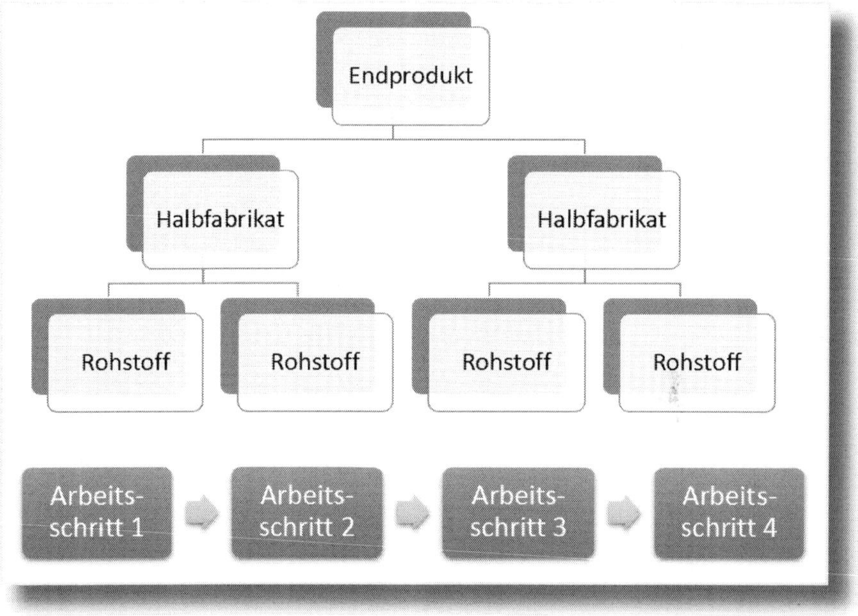

Abbildung 2.57: Stücklisten und Arbeitspläne für Plankalkulation

Controlling – Ergebnisrechnung

Die *Ergebnisrechnung*, die auch als Ergebnis- und Marktsegmentrechnung oder *CO-PA* bezeichnet wird, ist ein Tool, mit dem sich die Rentabilität und die Margen eines Unternehmens anhand verschiedener *Merkmale* wie »Kunde«, »Region«, »Verkaufsgebiet«, »Kunde« oder »Kundengruppe« analysieren lassen (siehe Abbildung 2.58).

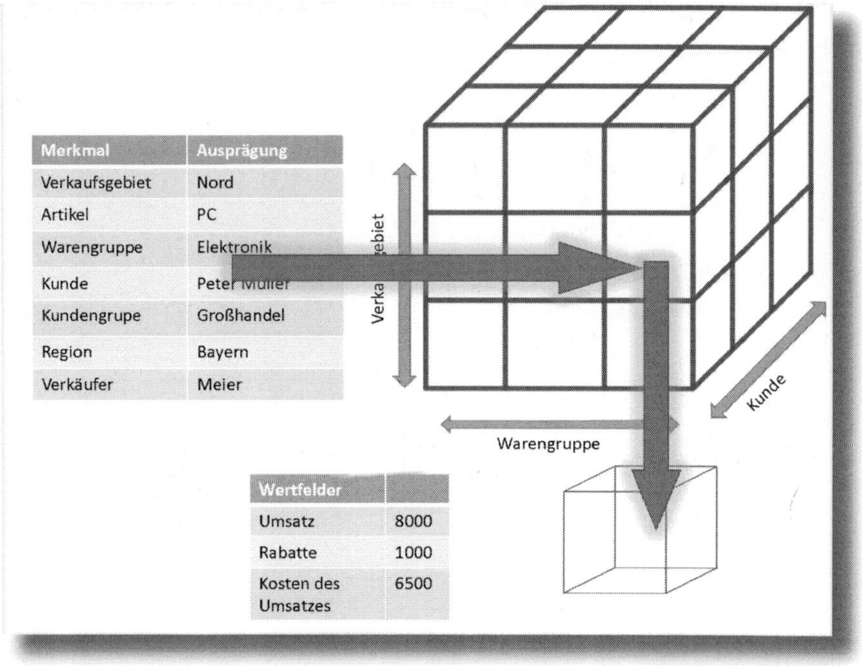

Abbildung 2.58: Datenstruktur CO-PA-Merkmale und -Wertfelder

Viele dieser Merkmale werden standardmäßig von der SAP ausgeliefert, ein Unternehmen kann jedoch nach Bedarf ganz leicht eigene Merkmale definieren. Sie können zwei Arten der CO-PA nutzen: die kalkulatorische oder die buchhalterische Ergebnisrechnung. Die *buchhalterische CO-PA* bietet ähnliche Informationen wie die Hauptbuchhaltung, jedoch stärker angereichert durch Merkmalsinformationen (z. B. Kunde, Region, Marktsegment). Die *kalkulatorische CO-PA* bietet zusätzlich die Möglichkeit, Beträge in Wertfelder zu unterteilen, um sich mehr Details anzeigen zu lassen. So können Sie beispielsweise für eine Lieferung zum Kunden nicht nur den Standardpreis in einem einzigen Hauptbuchkonto sehen, sondern eine Aufgliederung in Wertfelder für die einzelnen Komponenten dieses Standardpreises, z. B. Material, Personalkosten und Gemeinkosten. In Abbildung 2.59 sehen Sie ein Beispiel einer Gewinn- und Verlust-Rechnung, in der die kalkulatorische und die buchhalterische CO-PA verglichen werden.

Kalkulatorisch

Wertfelder	
Erlöse	1.000.000
Erlösschmälerungen	100.000
Nettoerlös	900.000
Variable Materialkosten	400.000
Variable Fertigungskosten	190.000
Produktionsabweichungen	10.000
Deckungsbeitrag 1	300.000
Materialgemeinkosten	50.000
Fertigungsgemeinkosten	50.000
Deckungsbeitrag 2	200.000
F&E	10.000
Marketing	50.000
Vertriebskosten	40.000
Deckungsbeitrag 3	100.000

Buchhalterisch

Kosten- und Erlösarten	
400000 Erlöse	1.000.000
410000 Erlösschmälerungen	100.000
Nettoerlös	900.000
500000 Kosten des Umsatz	690.000
510000 Preisabweichungen	10.000
710000 F&E	10.000
720000 Marketing	50.000
730000 Vertrieb + Verwaltung	40.000
Ergebnis	100.000

Abbildung 2.59: Beispiel einer GuV-Rechnung in der kalkulatorischen und der buchhalterischen CO-PA

2.6.2 Logistikmodule (MM, PP, SD, QM, PS)

Mit den Logistikmodulen der SAP können Unternehmen alle Bereiche der Lieferkette steuern, einschließlich Bestandsverwaltung, Versand und Wareneingang, Vertrieb und Qualitätsmanagement. In den folgenden Abschnitten sind einige der am häufigsten verwendeten Logistikmodule beschrieben.

Materialwirtschaft (MM)

Die *Materialwirtschaft (Material Management, MM)* gibt Ihnen alles an die Hand, was Sie zur Verwaltung Ihrer Materialien und Bestände benötigen. Im *Materialstamm* ist eine enorme Menge von Stammdaten mit Bezug zu einem Material hinterlegt, einschließlich Feldern, die angeben, wie ein Material beschafft wird (Wird es selbst hergestellt oder gekauft?), welchen Status und Standardpreis es hat, die im Lager verfügbare Menge, Verkaufsinformationen, Disponenten sowie der Lagerort (siehe Abbildung 2.60).

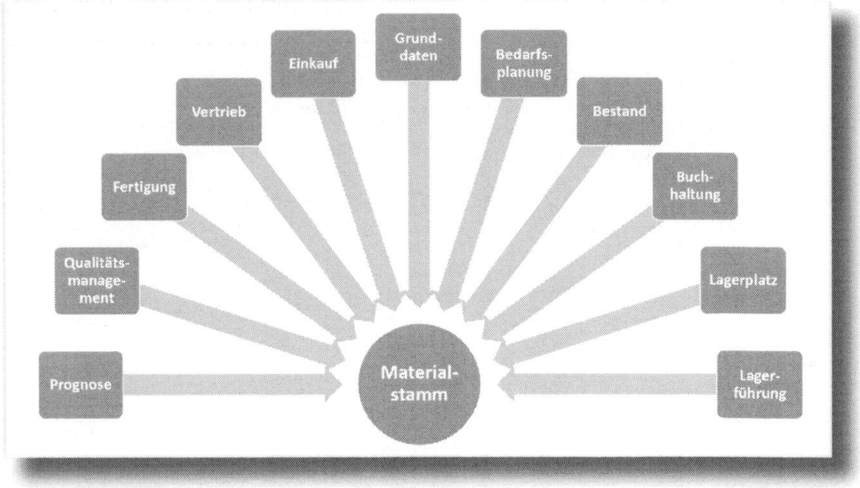

Abbildung 2.60: Materialstammsatz

Jedes Material wird einer *Materialart* zugewiesen, die für eine Reihe unterschiedlicher Merkmale für das Material ausschlaggebend ist, z. B. den Nummernkreis, den Zweck des Materials, welche Sichten angezeigt werden und wie der Bestand verwaltet wird.

Der Materialstamm ist in mehreren Sichten mit Registerkarten organisiert (siehe Abbildung 2.61). Jede dieser Sichten enthält Informationen mit Bezug zu einem anderen Geschäftsbereich, z. B. Einkauf, Qualität, Buchhaltung, Bestand und Außenhandel.

Abbildung 2.61: Materialstammsichten

Die verschiedenen Sichten im Materialstamm enthalten u. a. die folgenden Informationen:

- Grunddaten 1/2: Daten, die für alle Materialprozesse inkl. Materialbeschreibung, Mengeneinheit und Warengruppe verwendet werden;
- Klassifizierung: ermöglicht Ihnen, Materialien mit denselben Merkmalen zu kennzeichnen;
- Verkauf: Erfassen von Verkaufspreis, Gewichtseinheit, Außenhandels-/Exportdaten und zusätzlichen Materialgruppen für unterschiedliche Verkaufsorganisationen oder Vertriebswege;
- Einkauf: Aktualisieren von Standardbestelltexten, Außenhandels-/Importdaten und Vorlaufzeiten;
- MRP: Definieren von Planungszyklen, Beschaffungsarten und Produktversionen;
- Lagerverwaltung: Bearbeiten von Lager- und Lagerplatzinformationen;
- Qualitätsmanagement: Festlegen von Daten, die Voraussetzung für das Erstellen von Qualitätsprüflosen sind;
- Buchhaltung/Kalkulation: Bearbeiten von Bestandsbewertungsdaten.

Das Modul für die Materialwirtschaft umfasst außerdem den *Einkauf*, der aus Elementen wie Lieferantenstammdaten, bevorzugten Lieferanten, Bestellanforderungen und Bestellungen besteht. Im Einkauf stehen Ihnen verschiedene Tools zum Verwalten aller Aspekte des Beschaffungsprozesses zur Verfügung. Bestellanforderungen können manuell oder automatisch über die MRP angelegt werden. Sie können dann das System dazu verwenden, Lieferanten auszuwählen und unterschiedliche Preiskalkulationsszenarien zu simulieren. Die Bestellanforderung kann abhängig von den Anforderungen verschiedene Genehmigungsszenarien durchlaufen und dann automatisch die Bestellung anstoßen.

Wie im Abschnitt 2.6.1 erläutert, besteht eine enge Verzahnung zwischen der Kreditorenbuchhaltung und dem Einkauf. In Abbildung 2.62

sehen Sie einen Überblick über den Prozess vom Einkauf bis zur Bezahlung des Lieferanten. Sie können zu jedem Zeitpunkt in diesem Prozess sämtliche erzeugten Belege aufrufen und Detailinformationen zu allen verbundenen Dokumenten anzeigen. Es gibt eine direkte Verbindung zwischen der Bestellung, dem Wareneingang, der Rechnung und der Zahlung an den Lieferanten.

Die Einkaufsfunktion bietet auch eine Möglichkeit zur Überprüfung von Rechnungen. Dabei werden Eingangsrechnungen auf Basis der zugehörigen Bestellungen geprüft, um zu gewährleisten, dass die Angaben in der Rechnung mit den in der Bestellung angegebenen Mengen und Beträgen übereinstimmen; außerdem wird sichergestellt, dass nicht versehentlich dieselbe Rechnung zweimal erfasst wird.

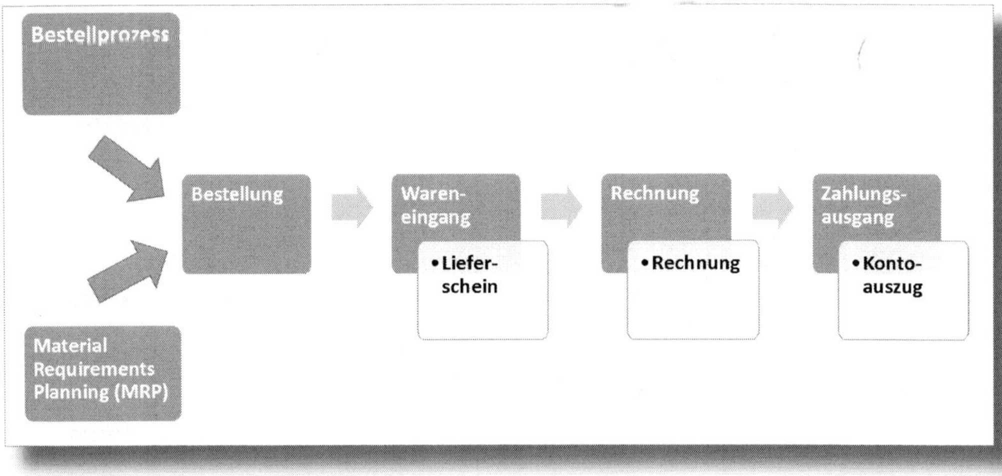

Abbildung 2.62: Vom Einkauf bis zur Zahlung

Die *Bestandsverwaltung* ist ein weiterer wichtiger Bereich im Modul MM. Über sie wird einerseits gesteuert, wo Materialien aufbewahrt und wie sie im Werk bewegt werden, und andererseits der Bestand in Bezug auf Menge und Wert verwaltet. Alle Vorgänge, die die Bestandsmenge oder den Bestandswert beeinflussen, werden in Echtzeit und parallel zum Hauptbuch aktualisiert. Das bedeutet, dass Sie zu jedem beliebigen Zeitpunkt Ihre aktuellen Lagerbestände und -werte aufrufen können: Bestände, die sich im Lager befinden und zur Verwendung bereit sind, solche, die bestellt, aber noch nicht eingegangen sind, Transitbestand oder Bestand, der gerade einer Qualitätsprüfung unterzogen wird (in Abbildung 2.63 sehen Sie ein Beispiel für einen Lagerbestandsbericht). Mit der Bestandsverwaltung können auch Sonderbestände verwaltet werden, die für bestimmte Projekte oder Kunden vorgesehen sind.

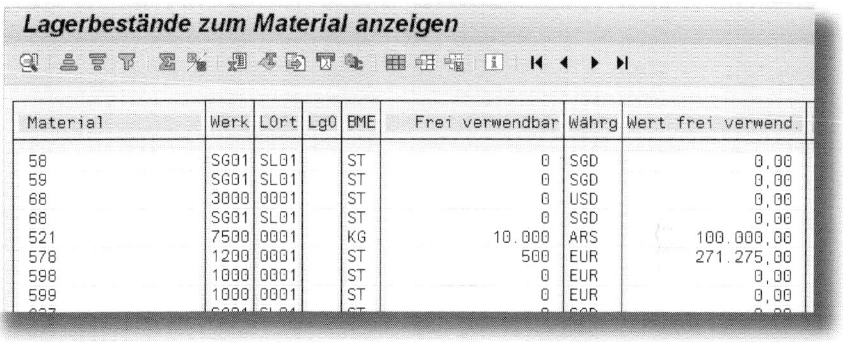
Lagerbestände zum Material anzeigen

Material	Werk	LOrt	LgO	BME	Frei verwendbar	Währg	Wert frei verwend.
58	SG01	SL01		ST	0	SGD	0,00
59	SG01	SL01		ST	0	SGD	0,00
68	3000	0001		ST	0	USD	0,00
68	SG01	SL01		ST	0	SGD	0,00
521	7500	0001		KG	10.000	ARS	100.000,00
578	1200	0001		ST	500	EUR	271.275,00
598	1000	0001		ST	0	EUR	0,00
599	1000	0001		ST	0	EUR	0,00

Abbildung 2.63: Lagerbestandsbericht

Produktionsplanung (PP)

Die *Produktionsplanung (PP)* steuert alle Fertigungsaktivitäten einer Organisation. Dieser Prozess kann mit einer Prognose dessen beginnen, welche Waren eingekauft oder hergestellt werden müssen, und mit der Planung fortgesetzt werden, welche Rohstoffe, Maschinenzeiten und Personalressourcen für die Herstellung dieser Güter erforderlich sind. Wir können anschließend Fertigungsaufträge für die diskrete Fertigung, Prozessaufträge oder Produktkostensammler für die Serienfertigung oder, je nach Anforderungen, eine Kombination daraus anlegen.

Zu den in der PP verwendeten Grunddaten zählen *Stücklisten* und *Arbeitspläne*. Eine Stückliste enthält alle Komponenten, aus denen sich ein Produkt oder eine Baugruppe zusammensetzt, sowie deren jeweilige Menge und Maßeinheit. Ein Arbeitsplan bildet alle Arbeitsschritte oder Vorgänge ab, die zur Produktion der Baugruppe benötigt werden, einschließlich der Zeit, die zur Erledigung der einzelnen Schritte erforderlich ist, der Art der Aktivität, die in jedem Schritt durchgeführt wird, und einer Angabe dazu, wo jeder dieser Schritte durchgeführt wird.

In Abbildung 2.64 sehen Sie, wie Stücklisten und Arbeitspläne bei der Planung einer Baugruppe ineinandergreifen.

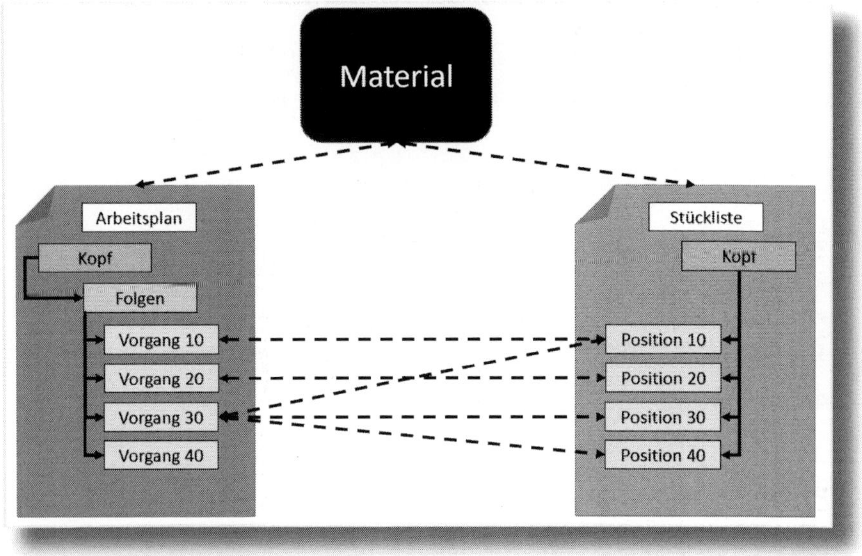

Abbildung 2.64: Stückliste und Arbeitsplan

Eine wichtige Funktion in der Produktionsplanung ist die *Materialbedarfsplanung (MRP)*. Die MRP wird verwendet, um die Verfügbarkeit von Materialien sicherzustellen. Dazu gehört u. a. auch, dass Materialien, die für die interne Verwendung (in anderen Baugruppen) oder den Verkauf benötigt werden, rechtzeitig gekauft oder hergestellt werden. Die MRP sammelt Anforderungen aus prognostizierten Verkäufen und der geplanten Produktion und plant daraufhin die erforderlichen Fertigungsaufträge oder Bestellungen. Die MRP kann auf unterschiedlichen Ebenen durchgeführt werden, beispielsweise auf Subunternehmer-, Anlageflächen- oder Werksebene. In Abbildung 2.65 sehen Sie ein Beispiel für eine MRP auf Werksebene.

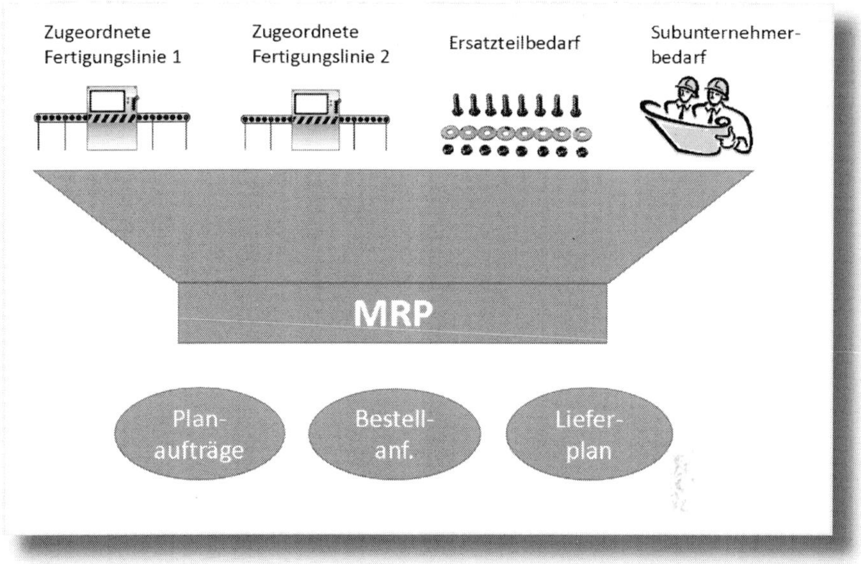

Abbildung 2.65: MRP auf Werksebene

Vertrieb (SD)

Der *Vertrieb (SD)* bietet Funktionen, die den Verkauf von Produkten oder Dienstleistungen unterstützen, einschließlich Kundenangeboten, Kundenaufträgen, Gutschriften, Versandvorgängen und Rechnungen. Wie bereits erwähnt, ist diese Funktion eng in das Finanzwesen integriert: Die Debitorenbuchhaltung und der Vertrieb verwenden dieselben Kundenstammdaten, und wenn Sie etwas versenden oder eine Rechnung erstellen, generieren Sie automatisch alle dazugehörigen Buchhaltungsbelege. Das Kreditmanagement und die Verarbeitung von Kundenzahlungen sind ebenfalls Komponenten, die eng mit den Vertriebs- und Finanzlösungen verknüpft sind. In Abbildung 2.66 sehen Sie den Vertriebsprozess und dessen Interaktion mit den Bereichen Finanzwesen und Materialwirtschaft.

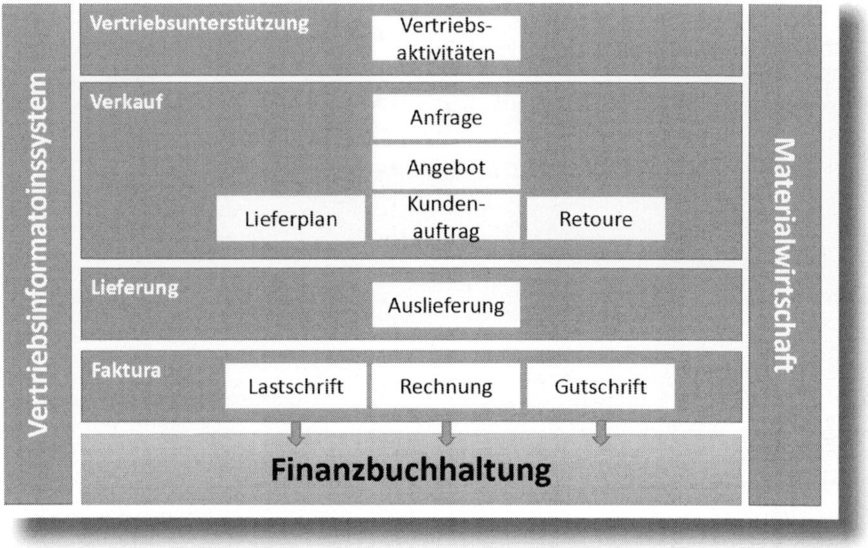

Abbildung 2.66: Abläufe im Vertrieb

Die *Preisfindung* ist eine der wichtigsten Komponenten des Vertriebsmoduls. Sie umfasst die Berechnung von Preisen und Kosten. Um die Grundlagen darzustellen, die zur Berechnung von Preisen verwendet werden, kommen *Konditionen* zum Einsatz. Diese können beispielsweise bestimmen, welcher Bruttopreis einem Kunden zu belasten ist und welche Abschläge, Zuschläge, Frachten und Steuern bei der Berechnung des Verkaufspreises berücksichtigt werden sollen. Anhand des *Kalkulationsschemas* werden die gültigen Konditionsarten und die für den Kundenauftrag zu verwendende Reihenfolge festgelegt (siehe Abbildung 2.67).

Eine weitere bedeutende Funktion im Vertrieb ist die *Verfügbarkeitsprüfung*. Sie ermittelt automatisch, wann ein Produkt für den Versand verfügbar ist, basierend auf Kriterien wie dem Versandzeitpunkt und der Dauer der Versandabfertigung, dem verfügbaren Bestand und der Vorlaufzeit für die Beschaffung oder Produktion von Waren (siehe Abbildung 2.68).

Schema RVAA01 Standard

Steuerung

Übersicht Bezugsstufen

Stufe	Zä...	KArt	Bezeichnung	Von	Bis	Ma...	O...	Sta...	D	ZwiSu	Bedg	RchFrm	BasFrm	KtoSl
8	0	EK01	Kosten			☑	☐	☐						ERL
11	0	PR00	Preis			☐	☐	☐			2			ERL
13	0	PB00	Preis Brutto			☑	☐	☐			2			ERL
14	0	PR02	Intervallpreis			☐	☐	☐			2			ERL
15	0	ZK01	Kosten			☐	☐	☐	X		2			ERL
20	0	VA00	Varianten			☐	☐	☐	X		2			ERL
21	0	ZA00	Varianten allgemein			☐	☐	☐	X		2			ERL
100	0		Brutto			☐	☐	☐	X	1		2		
101	0	KA00	Aktion			☐	☐	☐	X		2			ERS
102	0	K032	Preisgrp/Mat			☐	☐	☐	X		2			ERS
103	0	K005	Kunde/Material			☐	☐	☐	X		2			ERS
104	0	K007	Kundenrabatt			☐	☐	☐	X		2			ERS
105	0	K004	Material			☐	☐	☐	X		2			ERS
106	0	K020	Preisgruppe			☐	☐	☐	X		2			ERS
107	0	K029	Materialgruppe			☐	☐	☐	X		2			ERS
108	0	K030	Kunde/MatGrp			☐	☐	☐	X		2			ERS

Abbildung 2.67: Kalkulationsschema

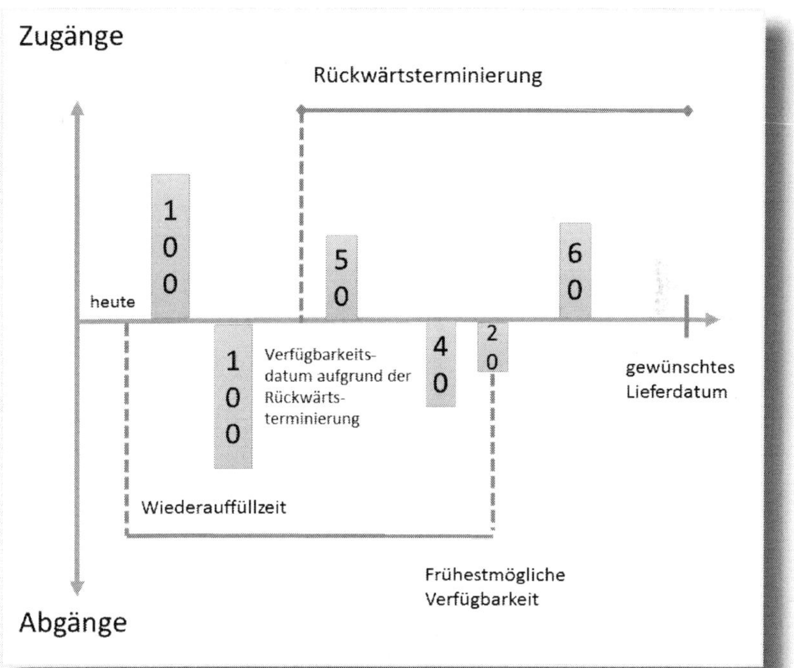

Abbildung 2.68: Verfügbarkeitsprüfung

Mit dem *Kreditmanagement* können Sie das Risiko von Außenständen minimieren. Abhängig von der Risikostufe können Sie für Kunden Kreditlimits festlegen, für verschiedene Zeitpunkte im Verkaufsprozess Kreditprüfungen aktivieren und z. B. Warenlieferungen basierend auf diesen Kreditprüfungen sperren. Das Kreditmanagement ist vollständig in den Vertrieb und die Debitorenbuchhaltung integriert (siehe Abbildung 2.69). Jede Lieferung an einen Kunden verringert dessen verfügbaren Kreditbetrag, und jede Zahlung eines Kunden erhöht ihn. Sie können für Kunden mit sehr hohem Ausfallrisiko auch ausschließlich Bar- oder Vorauszahlung festlegen.

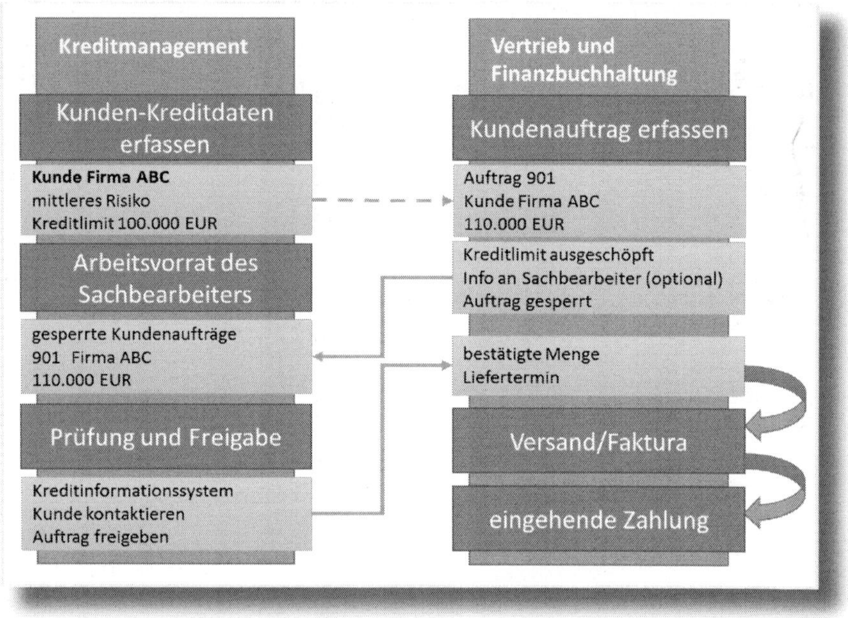

Abbildung 2.69: Kreditmanagement- und Buchhaltungsvorgänge

Qualitätsmanagement (QM)

Das Modul *Qualitätsmanagement (QM)* bietet Werkzeuge für die Bearbeitung und Erstellung von Berichten zu Qualitätslenkungsaktivitäten. Diese können Auditmanagement, Quality Engineering und kontinuierliche Qualitätsverbesserungen beinhalten.

Projektsystem (PS)

Das *Projektsystem (PS)* findet sich sowohl im Logistikbereich als auch im Rechnungswesen. Je nach Anforderungen eines Unternehmens kann es für den Bau eines Gebäudes, die Entwicklung eines neuen Produktes oder den Aufbau einer Kapitalanlage zur internen Verwendung genutzt werden. Dabei verfolgen und verwalten Sie umfassende Projekte wie den Bau einer Fabrik – oder auch kleinere wie die Umgestaltung eines Konferenzraums.

Ein Projekt kann mithilfe eines *Projektstrukturplans (PSP)* hierarchisch in sogenannten PSP-Elementen strukturiert werden, die geplante und tatsächliche Arbeitsleistungen, die Materialbeschaffung oder Herstellung sowie andere Ausgaben und Aktivitäten umfassen. Anhand eines Projektstrukturplans werden die Projektaufgaben in einer Hierarchie angeordnet, die auf Projektphasen, Funktionen oder Teilprodukten beruhen. Er stellt eine Grundlage für die Planung der Prozesse, Kosten, Termine und Kapazitäten eines Projektes bereit. Abhängig von den geschäftlichen Anforderungen lassen sich mehrere Ebenen von PSP-Elementen in einem Projekt integrieren – ein Beispiel dazu sehen Sie in Abbildung 2.70.

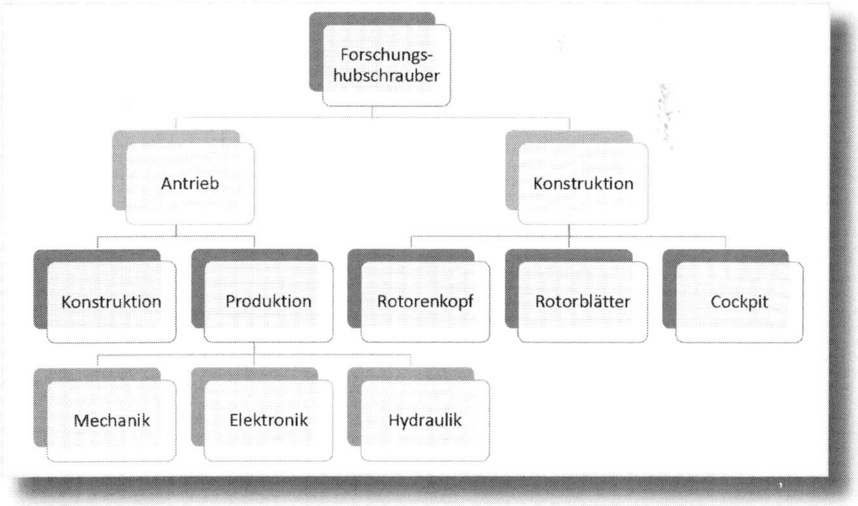

Abbildung 2.70: Projektstrukturplan

Zum Organisieren und Planen von Projekten können Sie auch *Netzpläne* zusammen mit PSP-Elementen verwenden. Ein Netzplan kann die Folge von Aktivitäten innerhalb eines Projektes darstellen. Beide dienen als Grundlage für die Planung, Analyse, Steuerung und Überwachung von Kosten, Terminen und Ressourcen.

Projekte sind in alle Logistik- und Buchhaltungsfunktionen in SAP integriert und weisen keine separate Organisationsstruktur auf. Sie verwenden dieselben organisatorischen Elemente wie die Funktionen im Logistikbereich und in der Buchhaltung, z. B. Kostenrechnungskreise, Buchungskreise, Werke, Funktionsbereiche, Profitcenter und Einkaufsorganisationen.

Sie können ein Projekt mithilfe des *Project Builders* (Transaktion CJ20N) anlegen und bearbeiten (siehe Abbildung 2.71). In dieser Transaktion kann der Bildschirm in drei separate Bereiche unterteilt werden: In einem können Sie neuere Projekte anzeigen, ein zweiter enthält Ihre vollständige Projekthierarchie, und der dritte Bereich weist detaillierte Informationen zum ausgewählten Objekt auf (Projekt, PSP-Element, Netzplan usw.), wie in Abbildung 2.71 dargestellt. Alternativ bietet die *Projektplantafel* eine grafische Darstellung Ihres Projektplans (siehe Abbildung 2.72).

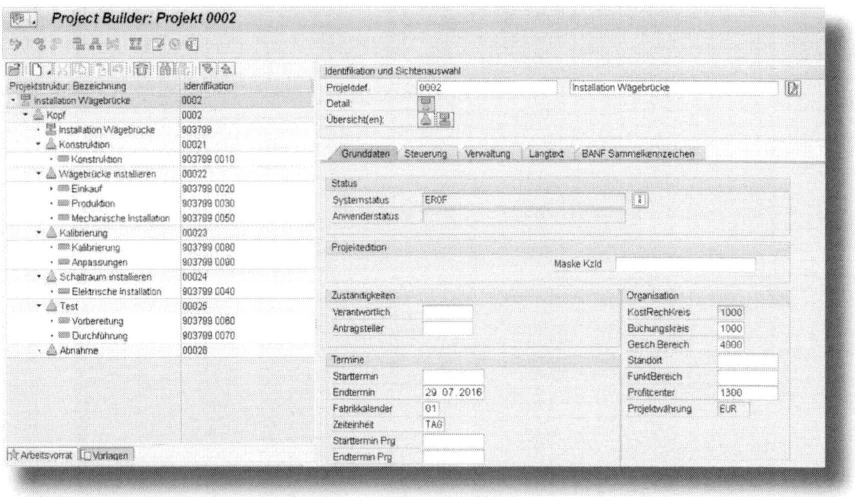

Abbildung 2.71: Project Builder

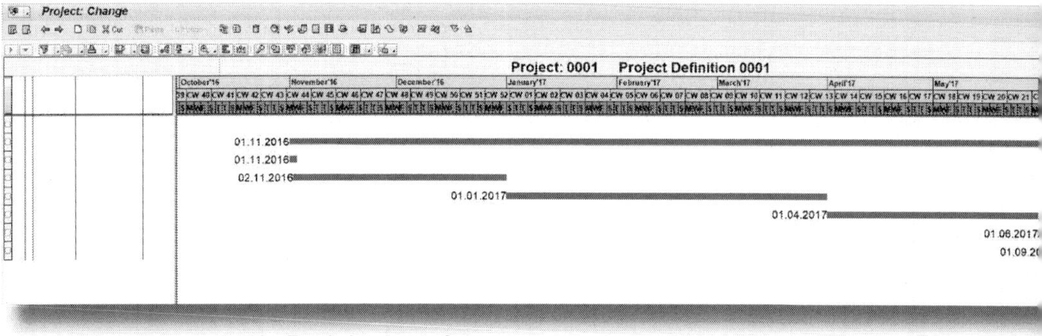

Abbildung 2.72: Projektplantafel

2.6.3 Personalwirtschaft

Mit den Modulen im Bereich *Human Capital Management (HCM)* oder »Personalwirtschaft« können Sie alle Arten von Informationen zu Ihren Mitarbeitern verwalten, etwa. dessen Stammdaten wie das Eintritts- oder Austrittsdatum, die Abteilung oder der zuständige Manager. Mit dem HCM-Modul lassen sich auch detaillierte Anforderungen an die Zeiterfassung oder die Lohn- und Gehaltsabrechnung sowie an das Trainingsmanagement und die Organisationsstruktur verwalten. Das Personalmanagement im HR ermöglicht zudem die Verwaltung von Arbeitgeberleistungen, die gleichermaßen in die Lohn- und Gehaltsabrechnung integriert sind. Im Personalstamm können Sie einzelne Qualifikationen oder Zertifizierungen hinterlegen, die dann zur Unterstützung von Berechtigungen verwendet werden können, um bestimmte Vorgänge abzuschließen. In der Zeiterfassung lassen sich anhand des Arbeitszeitblattes Arbeitszeiten auf bestimmte Projekte oder Innenaufträge buchen.

2.7 Länderspezifische Lösungen und Branchenlösungen

SAP vertreibt seine Software weltweit und stellt dementsprechend Lösungen speziell für bestimmte Länder, in zahlreichen Sprachen und angepasst an diverse Branchen bereit, um den unterschiedlichsten Geschäftsanforderungen gerecht zu werden.

Die länderspezifischen Lösungen schließen die üblichen Standardfunktionen nicht aus. Sie bieten stattdessen auf Länderbasis und gemäß den jeweiligen lokalen gesetzlichen Vorschriften einige zusätzliche Optionen zum Konfigurieren und Durchführen von Geschäftsvorfällen. Viele Länder haben z. B. spezifische Anforderungen an Lohn- und Gehaltsabrechnungen und Steuern. SAP hat für mehr als 55 verschiedene Nationen Länderversionen veröffentlicht, um diesen vielfältigen Anforderungen gerecht zu werden. Daneben bietet SAP auch mehr als 38 verschiedene Sprachen, sodass Benutzer das System in ihrer eigenen Sprache anzeigen können.

Die Bereitstellung von länderspezifischen Versionen zur Einhaltung unterschiedlicher lokaler Geschäftsanforderungen ergänzt SAP durch sein großes Angebot an Branchenlösungen, mit denen sich verschiedene Anforderungen verwalten lassen. Die Führung eines Einzelhandelsunternehmens unterscheidet sich beispielsweise stark von der eines Bergbaubetriebs.

Sie können also je nach Branche, in der Ihr Unternehmen angesiedelt ist, die vorkonfigurierten Branchenlösungen von SAP verwenden, um Ihre Geschäftsprozesse und -anforderungen besser zu managen. Für folgende Branchen sind eigene Lösungen erhältlich:

- Luftfahrt- und Rüstungsindustrie,
- Automobilindustrie,
- Bankwesen,
- Chemische Industrie,
- Konsumgüterindustrie,
- Sicherheit und Verteidigung,
- Anlagenbau und –betrieb,
- Gesundheitswesen,
- Hightech- und Elektronikbranche,

- Hochschulen und Forschungseinrichtungen,
- Geräte- und Maschinenbau,
- Versicherungswesen,
- Life-Science-Branche,
- Medienbranche,
- verarbeitende Industrie,
- Bergbau,
- Öl- und Gasindustrie,
- Beratungsunternehmen,
- öffentliche Verwaltung,
- Einzelhandel,
- Sport- und Unterhaltungsindustrie,
- Telekommunikationsbranche,
- Reise- und Logistikbranche,
- Versorgungsindustrie,
- Großhandel.

2.8 Einführung in ABAP

ABAP (Advanced Business Application Programming) ist eine proprietäre, von SAP entwickelte und verwendete Programmiersprache. Viele der wesentlichen Funktionen von SAP wurden mithilfe von ABAP-Code entwickelt. ABAP steht auch Programmierern und Entwicklern in Ihrem Unternehmen zur Verfügung. So gern wir ausschließlich SAP-Standardfunktionen und -konfigurationen verwenden würden, so notwendig sind doch manchmal zusätzliche Programmierungen – beispielsweise, wenn wir ein bestimmtes Programm (manchmal auch als »Report« bezeichnet) benötigen, das nicht im SAP-Standard enthalten ist. In diesem Fall können wir uns von unserem ABAP-Entwickler ein benutzerdefiniertes Programm für unser Unternehmen schreiben lassen. In einem anderen Fall bietet eine Standardtransaktion möglicherweise fast alles, was wir benötigen, sie passt jedoch nicht ganz zu unseren Geschäftsanforderungen. In diesem Fall können wir mithilfe eines *User-Exits* unseren eigenen Code zu einer Funktion hinzufügen, ohne SAP-Standardprogramme zu ändern.

Generell sollten Änderungen an SAP-Standardprogrammen vermieden werden. Auch beim Hinzufügen von kundenspezifischem ABAP-Code lassen wir Vorsicht walten. Der von SAP ausgelieferte Content und die Funktionen werden von SAP unterstützt und dokumentiert, unser kundenspezifischer Code dagegen nicht. Dies kann zu schwerwiegenden Komplikationen bei der Fehlersuche, bei Konfigurationsänderungen, bei der Implementierung neuer Funktionen oder beim Durchführen von Upgrades führen. Wie erwähnt, ist es manchmal erforderlich, dass ein Unternehmen eigenen ABAP-Code entwickelt. Dies sollte jedoch mit umfassender Kenntnis der verfügbaren Standardfunktionen und der künftigen Auswirkungen derartiger Anpassungen geschehen.

Nun werden wir Ihnen zeigen, wie ABAP-Programme aussehen und wie Sie eigene Programme erstellen und ausführen können. ABAP-Programme wurden ursprünglich nur verwendet, um Daten aus einer Datenbank zu lesen, aber Sie können diese auch zum Schreiben von Daten in die Datenbank einsetzen.

Starten Sie die Transaktion `SE38`, um zum ABAP Editor zu gelangen. Der ABAP Editor ist das Tool zum Anzeigen oder Bearbeiten von bestehendem sowie zum Erstellen von neuem ABAP-Code. Lassen Sie uns mit dem Erstellen eines *Programms* – das ist eines von mehreren verfügbaren ABAP-Objekten – beginnen.

Auf dem Einstiegsbild des ABAP Editors geben Sie den Namen Ihres Programms in das Feld Programm ein. Wir verwenden als Namen `ZHELLOWORLD01`, wie in Abbildung 2.73 dargestellt.

Anschließend klicken Sie auf die Schaltfläche Anlegen. Das Dialogfenster »ABAP: Programmeigenschaften« wird angezeigt, in dem Sie weitere Informationen zu Ihrem Programm ergänzen können. Zunächst müssen Sie einen Titel eingeben und anschließend den Typ des Programms festlegen. Für dieses Beispiel wählen wir als Typ `Ausführbares Programm`. Der Titel wird beim Starten des Programms angezeigt, und Sie können diesen auch später noch bearbeiten. Wir benennen das Programm mit dem Titel `Mein erster Report`, wie in Abbildung 2.74 dargestellt. Wählen Sie Sichern, um fortzufahren.

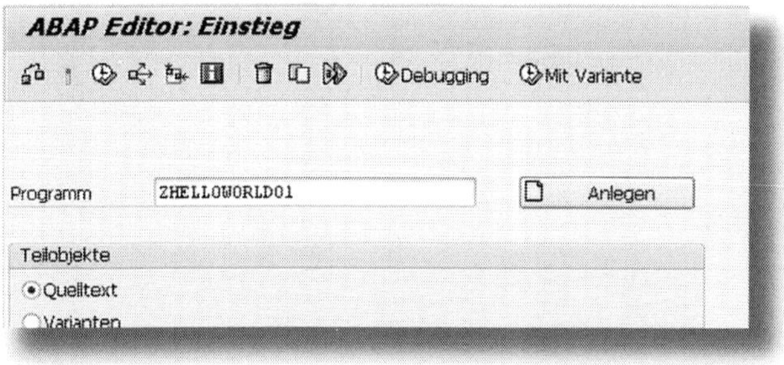

Abbildung 2.73: ABAP Editor – Einstieg

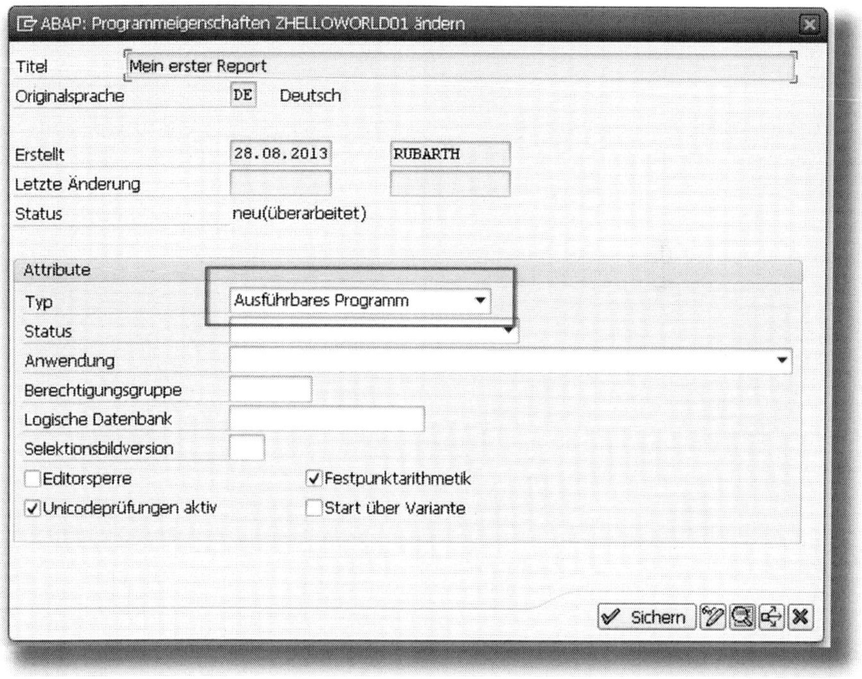

Abbildung 2.74: Programmeigenschaften

Wir sind mit der Bearbeitung der Eigenschaften noch nicht ganz fertig; als Nächstes wird das Dialogfenster Objektkatalogeintrag anlegen angezeigt, wie in Abbildung 2.75 dargestellt. Wählen Sie die Drucktaste Lokales Objekt aus, dann wird das Dialogfenster geschlossen.

Abbildung 2.75: Objektkatalogeintrag

Entwicklerschlüssel

Wenn Sie in einem produktiven Entwicklungssystem arbeiten (nicht in einem Test- oder Demosystem), müssen Sie einen Entwicklerschlüssel angeben, sobald Sie Ihr erstes ABAP-Objekt anlegen.

Der Entwicklerschlüssel ist benutzerspezifisch und muss von der SAP angefordert werden.

In Abbildung 2.76 werden die ersten Zeilen oben in grau angezeigt, sie beginnen mit einem Sternchen, der einem Kommentar vorangestellt wird. Kommentare sind eine Möglichkeit, um Informationen zu Dokumentationszwecken innerhalb des ABAP-Codes zu erfassen. Das System ignoriert diese Kommentare beim Ausführen des Programms.

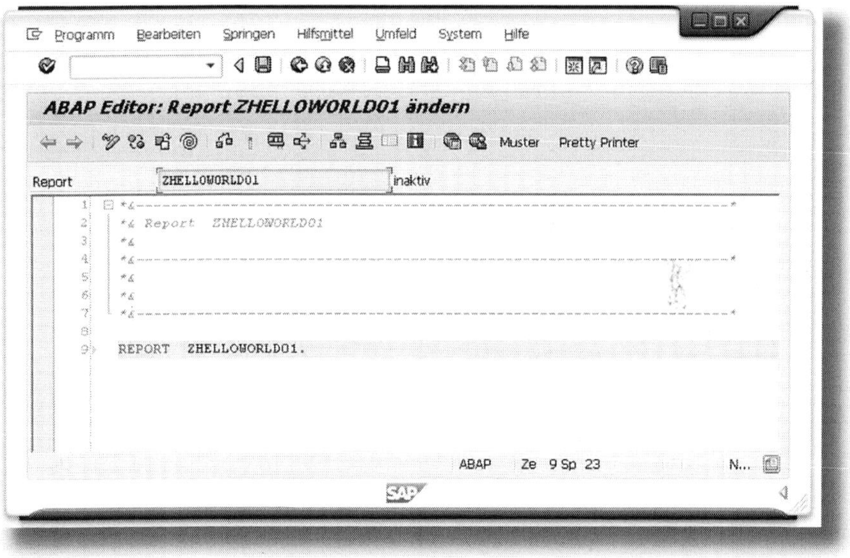

Abbildung 2.76: ABAP-Code

Nun können Sie Ihr erstes Programm fertigstellen, indem Sie eine WRITE-Anweisung nach einer REPORT-Anweisung eingeben; damit umfasst das ganze Programm lediglich zwei (nicht kommentierte) Zeilen:

```
REPORT ZHELLOWORLD01.
WRITE 'Hello world!'.
```

Um das Programm zu sichern, klicken Sie auf das entsprechende Symbol (die Diskette rechts vom Befehlsfeld). Das Starten des Programms ist ebenso einfach wie das Sichern: Verwenden Sie dazu die Drucktaste Direkt, wie in Abbildung 2.77 dargestellt.

Abbildung 2.77: Starten des Programms

Das Programm wird daraufhin das in Abbildung 2.78 gezeigte Ergebnis ausgeben.

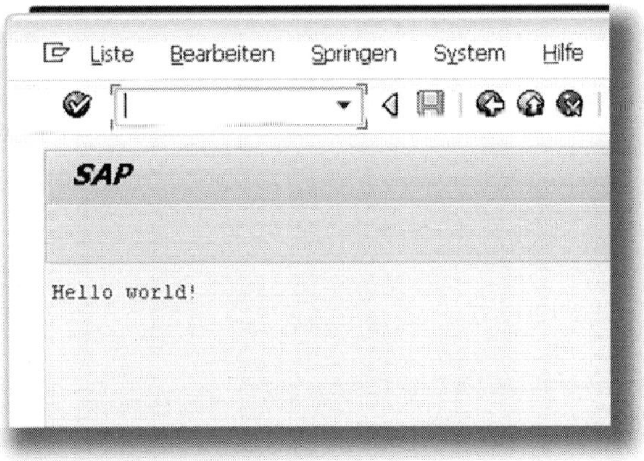

Abbildung 2.78: Programmausgabe

Sie haben nun anhand dieses einfachen Beispiels die Funktionsweise von Programmen in SAP ERP gesehen. Die Programmierung in ABAP ist natürlich ein weites Feld und nicht mit der Bearbeitung der Systemkonfiguration vergleichbar.

2.9 Sicherheit und Berechtigungen

SAP verfügt über ein differenziertes Berechtigungssystem, anhand dessen Sie steuern können, dass Benutzer im System nur tun, was in ihrem Verantwortungsbereich liegt. Sie können sowohl den Zugang zu Transaktionen als auch zu Organisationseinheiten beschränken, sodass sich diese nur von den zuständigen Mitarbeitern verwenden lassen. Auf diese Weise wird sichergestellt, dass ein Einkäufer nicht auch die Möglichkeit zum Anweisen von Zahlungen oder ausschließlich die Personalabteilung Zugriff auf Lohn- und Gehaltsdaten hat. SAP ermöglicht eine Funktionstrennung, wo immer dies erforderlich ist. Transaktionsberechtigungen werden bereitgestellt, indem Transaktionscodes zu Rollen und diese anschließend Benutzern zugewiesen werden. In den Rollen sind zudem weitere Einschränkungen möglich. Sie könnten beispielsweise unterschiedliche Buchhaltungsrollen einrichten und so Benutzern lediglich eine Anzeigeberechtigung für ihre eigenen Buchungskreise gewähren. Die Themen »Sicherheit« und »Berechtigung« werden wir in Abschnitt 3.6 noch ausführlicher behandeln.

2.10 Erweiterungspakete

Erweiterungspakete sind eine relativ neue Methode von SAP zur Auslieferung neuer Tools und Funktionen. Früher war für einzelne neue Funktionen ein vollständiges Software-Upgrade erforderlich, was ein zeitaufwendiges, arbeitsintensives Projekt sein kann, bei dem u. U. auch Betriebsunterbrechungen auftreten. ERP-Erweiterungspakete sind für Kunden seit ERP 6.0 verfügbar (für andere SAP-Produkte gibt es eigene Erweiterungspakete). EHP 8 ist aktuell das neueste für SAP ERP verfügbare Erweiterungspaket. Jedes Erweiterungspaket umfasst alle bereits in den vorangehenden Paketen enthaltenen Aktualisierungen.

Durch das Konzept der Erweiterungspakete kann die SAP Bündel mit neuen Funktionen häufiger ausliefern als dies möglich wäre, wenn für jede Neuerung ein vollständiges Versionsupgrade nötig wäre. Ein Erweiterungspaket bedeutet für eine IT-Organisation zwar auch ein relativ großes Projekt, es ist jedoch eher ein »technisches Upgrade«, das deutlich weniger komplex und mit geringeren Ausfallzeiten verbunden ist, als dies früher bei einem Upgrade einer Vollversionen der Fall war. Die in den Erweiterungspaketen enthaltenen neuen Funktionen, oder *Business Functions*, erfordern nicht, dass Sie diese umgehend implementieren oder »aktivieren«. Um Business Functions in Ihrem eigenen

System anzuzeigen, können Sie die Transaktion `SFW5` verwenden. Damit können Sie sich die neu verfügbaren Business Functions anzeigen lassen und erkennen, ob diese in Ihrem System aktiviert wurden. Ein Beispiel für diese Transaktion sehen Sie in Abbildung 2.79.

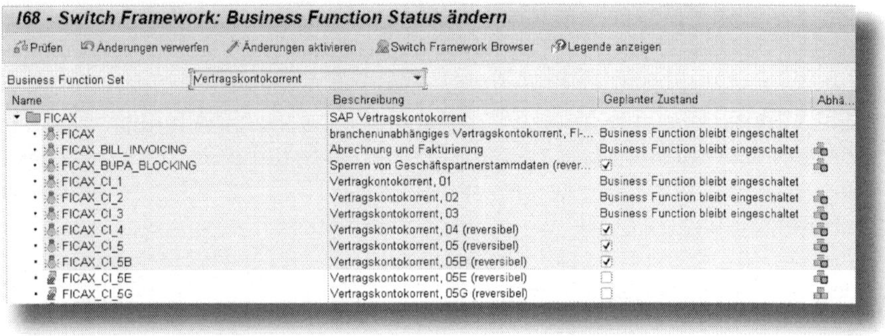

Abbildung 2.79: SFW5 – Business-Function-Status

3 SAP-Produktüberblick

Wir haben uns nun mit SAP ERP und sämtlichen darin enthaltenen Funktionsmerkmalen beschäftigt. Die SAP bietet jedoch noch eine Reihe weiterer Produkte und Tools, die wir in diesem Kapitel behandeln möchten. Wir beginnen mit den SAP-Lösungen für kleine und mittelständische Unternehmen, die nicht unbedingt ein vollständiges SAP-ERP-System betreiben möchten. Anschließend widmen wir uns den Business-Intelligence-Paketen der SAP und werfen jeweils einen Blick auf die Produkte Kunden- (SAP CRM) und Lieferantenbeziehungsmanagement (SAP SRM), Compliance Management und SuccessFactors. Zum Schluss gehen wir noch auf die neuesten Trends in der SAP-Entwicklung ein.

3.1 Lösungen für kleine bis mittelständische Unternehmen

Eine ausgewachsene SAP-ERP-Implementierung ist für kleine bis mittelständische Unternehmen u. U. zu groß oder zu kostspielig. Diese Unternehmen brauchen aber dennoch Software für ihr geschäftliches Management, die über ein einfaches Buchhaltungspaket hinausgehen. SAP bietet Tools an, die kleineren Firmen Zutritt zur ERP-Welt verschaffen können, da sie über unterschiedliche Implementierungsoptionen verfügen, die sich an deren Größe und Bedürfnisse anpassen lassen.

3.1.1 SAP Business One

SAP Business One ist ein Softwarepaket, das von dem israelischen Unternehmen TopManage S.A. entwickelt wurde. SAP übernahm TopManage im Jahr 2002. Das Softwarepaket wurde für kleine Unternehmen aller Branchen konzipiert, die ihre durchgängigen Geschäftsprozesse integrieren möchten und Möglichkeiten für künftiges Wachstum benötigen. SAP Business One ist der kostengünstigste Einstiegspunkt der SAP in eine ERP-Lösung. Es ist am besten für Unternehmen geeignet, denen ein reines Buchhaltungspaket nicht mehr ausreicht und die ihre anderen Lösungen und Prozesse integrieren möchten. SAP Business One deckt die folgenden funktionalen Module ab:

- Finanzwesen,
- Opportunities,
- Vertrieb – Debitorenbuchhaltung,
- Einkauf – Kreditorenbuchhaltung,
- Geschäftspartner,
- Bankwesen,
- Bestandsverwaltung,
- Ressourcen,
- Produktion,
- Materialbedarfsplanung,
- Service,
- Human Resources.

SAP Business One lässt sich sehr schnell implementieren, in der Regel innerhalb von zwei bis vier Wochen – als abgespecktes Einstiegspaket sogar in nur drei Tagen. Es bietet darüber hinaus mobile Anwendungen, über die Sie Ihre Geschäftstätigkeiten von jeder beliebigen Plattform aus ausführen können. Ähnlich wie SAP ERP unterstützt SAP Business One integrierte Geschäftsprozesse, allerdings nicht mit den umfassenden Funktionen oder der Komplexität einer vollständigen ERP-Lösung. SAP Business One kann vor Ort, an einem gehosteten Standort oder in der Cloud bereitgestellt werden. In Abbildung 3.1 sehen Sie einen Screenshot des Benutzer-Frontends.

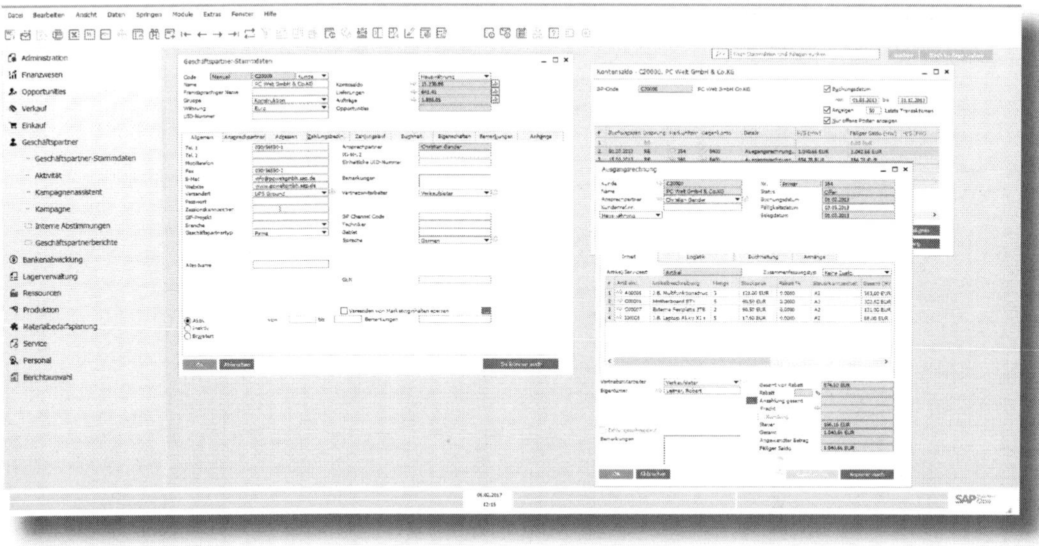

Abbildung 3.1: SAP-Business-One-Client

Da Business One nicht von SAP entwickelt wurde, weicht es recht stark von SAP ERP ab. Die Konzepte, Organisationseinheiten und Stammdaten unterscheiden sich in beiden Systemen deutlich. SAP Business One beruht nicht auf ABAP. Kundenspezifische Entwicklungen in diesem System können daher mit einem eigenen Softwareentwicklungspaket, dem sogenannten *Business One SDK* (Software Development Kit), vorgenommen werden.

3.1.2 SAP Business ByDesign

SAP Business ByDesign ist eine SaaS(Software-as-a-Service)-Lösung, die in der Cloud bereitgestellt wird. Sie ist für kleine bis mittelständische Unternehmen oder Tochtergesellschaften mit großen Wachstumsraten, aber einer begrenzten IT-Infrastruktur ausgelegt. Sie unterstützt nur einige wenige Branchen (primär die Fertigungs-

und Großhandelsbranche). Wie Business One bietet auch Business ByDesign Lösungen für die Integration von Geschäftsprozessen, stellt aber bessere Analysen bereit, wenn auch nicht so komplex wie eine umfassende ERP-Implementierung. Business ByDesign bietet folgende Funktionen:

- Projektmanagement,
- Customer Relationship Management,
- Human Resources,
- Finanzwesen,
- Beschaffung,
- Supply Chain Management,
- Fertigung,
- Beratungsunternehmen,
- Großhandel.

Da es sich bei Business ByDesign um eine Cloudlösung handelt, unterscheidet sich das zugrunde liegende Konzept ziemlich deutlich von SAP ERP. Kunden können aus bereits verfügbaren vorkonfigurierten Funktionen die passenden auswählen und einsetzen; dadurch entfällt zwar der Aufwand, das System selbst zu konfigurieren, wie es bei SAP ERP der Fall ist, dafür ist das System ist bei Weitem nicht so flexibel.

3.2 Business Intelligence (BI)

Business Intelligence ist ein Paket aus Tools und Technologien, die enorme Datenmengen in nützliche Informationen verwandeln. Die Lösung umfasst auch Dashboards und andere virtuelle Analysewerkzeuge. BI-Tools können Daten aus mehreren Quellen oder operativen Systemen zusammenstellen und ermöglichen Unternehmen so, zügig Analysen und Berichte zum aktuellen Geschäft sowie Prognosen zu erstellen und Abfragen auszuführen. SAP bietet verschiedene BI-Tools, einschließlich der Produktreihen BusinessObjects und Business Warehouse.

3.2.1 Business Warehouse (BW)

Das *Business Warehouse* ist einer der ersten Anläufe, die SAP in die Welt der BI unternommen hat. Es bietet verhältnismäßig einfache, integrierte Data-Warehousing- und Analyselösungen für SAP-ERP-Benutzer. Es ist außerdem für Unternehmen nützlich, die mehrere ERP-Systeme einsetzen und die Daten aus verschiedenen Quellsystemen in einem einzigen Enterprise Data Warehouse (EDW) erfassen müssen. In Abhängigkeit von der jeweiligen Systemkonfiguration kann das BW Echtzeit- oder Periodenansichten von Daten und Berichten bereitstellen.

Für Unternehmen, die SAP ERP oder andere SAP-Produkte ausführen, bietet das Business Warehouse eine Fülle von Standard-*Content,* also vorgefertigte Schnittstellen, um Daten aus SAP-Systemen komfortabel zu übertragen. Daten sind logisch in *InfoProvidern* organisiert, von denen es unterschiedliche Typen gibt. Einer der wichtigsten ist ein *InfoCube* (siehe Abbildung 3.2), quasi ein mehrdimensionales Datenobjekt, in dem sich Informationen nach einer Vielzahl von Merkmalen analysieren lassen. Stellen Sie sich Tabellenkalkulationsdaten vor, die in einer Pivot-Tabelle hinterlegt sind, jedoch in einem wesentlich größeren Maßstab. InfoProvider können InfoCubes mit anderen Daten- und Metadatenquellen kombinieren. Neben standardisierten InfoCubes und InfoProvidern bietet das BW zahlreiche Standard-Querys (Datenabfragen), Arbeitsmappen, Rollen, Berichte usw. Sie können diese wie ausgeliefert verwenden oder aber kopieren und Ihren geschäftlichen Anforderungen gemäß anpassen. Mehrere InfoProvider können zu einem *MultiProvider* kombiniert werden. Dieser bietet Ihnen beispielsweise die Möglichkeit, Daten aus einem Einkaufs- und einem Materialwirtschafts-InfoProvider zu kombinieren und Querys für sehr viele verschiedene Daten auf einmal bereitzustellen. Das ist ein großer Vorteil gegenüber der gängigen Technik, Daten aus verschiedenen Tabellen zu ziehen, die Excel-Funktion SVERWEIS auszuführen, um Informationen zu kombinieren und anschließend einen Bericht in einer Pivot-Tabelle zu erstellen.

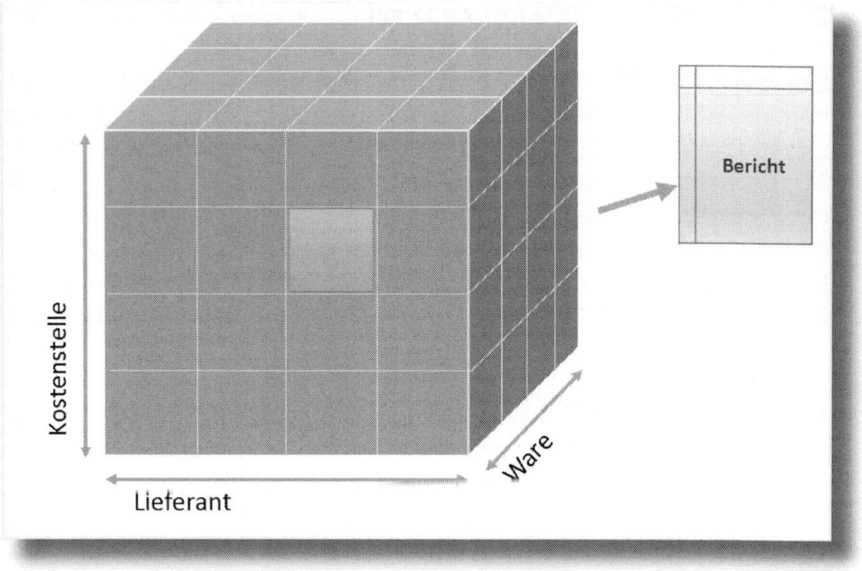

Abbildung 3.2: Mehrdimensionaler InfoCube

Data Warehousing

Das *Data Warehousing* zählt zu den primären Verwendungszwecken des Business Warehouse. Data Warehousing bedeutet nicht nur das bloße Sammeln von Daten. Sie können in einem Business Warehouse auch Daten aus mehreren Systemen integrieren. In vielen Fällen müssen Sie diese Daten zuvor in einem gewissen Maß transformieren, damit Datenpunkte aus unterschiedlichen Quellen zusammenpassen. Auch dafür kann das Business Warehouse verwendet werden. Eine Kostenstelle in SAP kann in einem anderen System beispielsweise als Abteilung betrachtet werden. Die Data-Warehousing-Tools des Business Warehouse lassen sich dafür einsetzen, solche Regeln zu definieren und die Daten in einem einzigen Data Warehouse zu konsolidieren.

Das Business Warehouse ist auch als Bereich für die Datenaufbereitung einsetzbar. Wenn Sie beispielsweise Daten von Ihrem ERP-Systemen an ein Drittanbieter-Tool, z. B. ein Konstruktionssystem, senden müssen: Anstatt Daten direkt aus mehreren ERP-Systemen zu ziehen und Skripte auszuführen oder diese Daten manuell zu ändern, können Sie das Business Warehouse verwenden, um die Daten zu transformieren und aufzubereiten.

Das Business Warehouse lässt sich auch direkt in die Business Explorer Suite integrieren. Der *Business Explorer (BEx)* ist ein Set an Werkzeugen, das (in den meisten Fällen) direkt von geschäftlichen Endnutzern verwendet werden kann, um auf Business-Warehouse-Daten zuzugreifen. Es umfasst Tools wie BEx Query Designer, BEx Analyzer, BEx Web und BEx Information Broadcasting.

BEx Query Designer

Der *BEx Query Designer* bietet die grundlegenden Funktionen zum Definieren von Querys für Business-Warehouse-Daten. Die im BEx Query Designer angelegten Querys können dann in BEx Web, BEx Analyzer und BEx Broadcaster verwendet werden. Der BEx Query Designer lässt sich mit einer sehr leistungsstarken Pivot-Tabelle vergleichen. Mit ihm können Sie definieren, welche Merkmale und Kennzahlen Sie in den Zeilen und Spalten anzeigen möchten. Sie können Daten zu einer gesamten Query zusammenfassen oder nach bestimmten Merkmalen filtern. Als Merkmale stehen viele Standardvariablen, etwa das Datum, zur Verfügung. Sie können die Query so definieren, dass sie für einzelne oder mehrere Perioden, ein laufendes Geschäftsjahr, mehrere Quartale usw. ausgeführt wird. Die berechneten Kennzahlen können nach Bedarf definiert werden, beispielsweise wenn Sie eine Abweichung zwischen zwei Kennzahlen wie Ist und Soll berechnen müssen. Dazu greifen Sie entweder direkt auf den BEx Query Designer zu oder nutzen eins der anderen Tools wie BEx Web oder BEx Analyzer.

BEx Analyzer

Der *BEx Analyzer* wird als ein Excel-Add-in ausgeführt. Er bietet Benutzern die vertraute Excel-Benutzeroberfläche, jedoch mit zusätzlichen Funktionen zum Ausführen, Anlegen und Bearbeiten von BEx Querys, und ermöglicht Zugang zu einer enormen Datenmenge. Basierend auf den Daten, die über den Query Designer in eine Query aufgenommen werden, können Sie auch Vorgänge wie das weitere Filtern von Daten, das Austauschen von Spalten oder Zeilen oder das Anzeigen von Diagrammen und Grafiken durchführen. Mithilfe der Excel-Standardfunktionen können Sie Formeln und Berechnungen hinzufügen, Daten formatieren und die Ergebnisse offline speichern.

BEx Web

BEx Web bietet mehrere Tools für das Erstellen von webbasierten Datenanalysen und Berichten. Anstelle einer Anmeldung zum BEx Analyzer und der Suche nach einer bestimmten Query können Sie Anwendern gezielt BEx-Reports oder -Querys auf einer Website bereitstellen. Dies kann Mitarbeitern auf der Managementebene sehr entgegenkommen, die Querys nicht selbst anlegen oder aktualisieren, sondern darin abgelegte Informationen lediglich für ihre Geschäftsführungstätigkeit darstellen müssen. Es sind zahlreiche BEx-Web-Tools verfügbar, die den Bedürfnissen der geschäftlichen Nutzer entsprechend eingesetzt werden können. Dazu gehören der Web Application Designer, Web Application, Web Analyzer und Enterprise Reporting.

BEx Broadcaster

Der *BEx Broadcaster* bietet Managern noch mehr Annehmlichkeiten: Mit diesem Werkzeug können Sie Querys, Berichte usw. automatisch per E-Mail an mehrere Benutzer versenden. Sie könnten z. B. zunächst den Query Designer verwenden, um eine Query zu Kennzahlen nach Geschäftsbereichen anzulegen und anschließend den Broadcaster, um jeden Morgen automatisch ein Update an die Manager zu senden, für die diese Informationen relevant sind.

3.2.2 BusinessObjects

BusinessObjects (auch als BO oder BOBJ, »Bob-jay« ausgesprochen, bezeichnet) wurde 2007 von SAP übernommen. SAP BusinessObjects lässt sich direkt in das Business Warehouse integrieren. Das Data Warehouse im BW kann beispielsweise die in BO-Reports und -Dashboards verwendeten Daten bereitstellen. In diesem Beispiel dient das BW als Ihr Enterprise Data Warehouse (EDW) und BO stellt die Reporting-Tools für Endnutzer bereit. SAP bietet auch mehrere andere Methoden, um Daten direkt an das BO-Backend aus SAP und anderen Systemen zu übertragen.

BusinessObjects verwendet eine andere Terminologie als das Business Warehouse, in dem beispielsweise von InfoCubes oder InfoProvidern die Rede ist, wofür BusinessObjects das *Universum* nutzt. Das Business Warehouse hat Merkmale, während es bei BusinessObjects *Dimensionen* gibt.

Das BO-Paket umfasst eine große Bandbreite an Reporting-, Performance-Management-, Planungs- und Dashboard-Tools, die Unternehmen einfache, elegante und leistungsstarke Analysefunktionen bereitstellen. Einige der am häufigsten eingesetzten Tools werden in den nachfolgenden Abschnitten behandelt.

WebIntelligence (WebI)

Web Intelligence (WebI) stellt eine Selfservice-Umgebung zur Verfügung, in der Benutzer Ad-hoc-Queries und interaktive Berichte anlegen und ausführen können, ohne dafür ein tiefer gehendes Wissen über die zugrunde liegende Datenstruktur zu benötigen. Es ermöglicht außerdem das Erstellen von Diagrammen und bietet Visualisierungsfunktionen wie Blasendiagramme, Heatmaps, gestapelte Balkendiagramme und Wortwolken (siehe Abbildung 3.3).

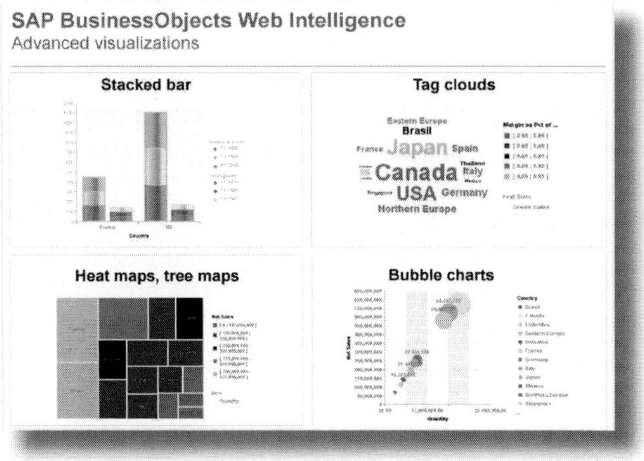

Abbildung 3.3: Erweiterte Visualisierungsoptionen mit WebIntelligence

Crystal Reports

Crystal Reports ist ein weiteres Reporting-Tool, mit dem eine interaktive Berichterstellung und Datenvisualisierung möglich ist (in Abbildung 3.4 sehen Sie einen Beispielbericht). Crystal Reports ist in BusinessObjects-Dashboards integrierbar und bietet über 40 verschiedene Diagrammarten. Sie können damit Berichte ganz nach Bedarf einplanen und veröffentlichen.

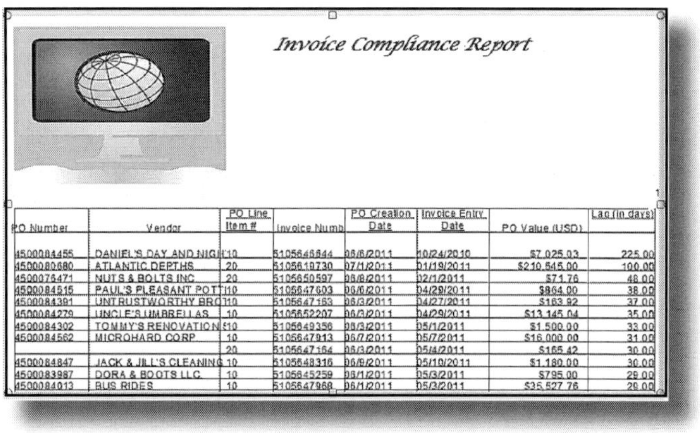

Invoice Compliance Report

PO Number	Vendor	PO Line Item #	Invoice Numb	PO Creation Date	Invoice Entry Date	PO Value (USD)	Lag (in days)
4500084455	DANIEL'S DAY AND NIGH	10	5105646644	06/6/2011	10/24/2010	$7,025.03	225.00
4500080680	ATLANTIC DEPTHS	20	5105619730	07/1/2011	01/19/2011	$210,645.00	100.00
4500076471	NUTS & BOLTS INC	20	5105650597	06/8/2011	02/1/2011	$71.76	48.00
4500084515	PAUL'S PLEASANT POTT	10	5105647603	06/6/2011	04/29/2011	$864.00	38.00
4500084391	UNTRUSTWORTHY BRO	10	5105647163	06/3/2011	04/27/2011	$163.92	37.00
4500084279	UNCLE'S UMBRELLAS	10	5105652207	06/3/2011	04/29/2011	$13,145.04	35.00
4500084302	TOMMY'S RENOVATION	10	5105649356	06/3/2011	05/1/2011	$1,500.00	33.00
4500084562	MICROHARD CORP	10	5105647913	06/7/2011	05/7/2011	$16,000.00	31.00
		20	5105647164	06/3/2011	05/4/2011	$165.42	30.00
4500084847	JACK & JILL'S CLEANING	10	5105648316	06/9/2011	05/10/2011	$1,180.00	30.00
4500083987	DORA & BOOTS LLC	10	5105645259	06/1/2011	05/3/2011	$795.00	29.00
4500084013	BUS RIDES	10	5105647968	06/1/2011	05/3/2011	$35,527.76	29.00

Abbildung 3.4: Crystal Reports – Beispiel

Design Studio

Design Studio ist eine Lösung von SAP zum Erstellen von Dashboards. SAP BO Dashboards (früher unter der Bezeichnung »Xcelcius« bekannt) werden weiterhin unterstützt und entwickelt, doch der Großteil der künftigen Entwicklungsarbeit von SAP wird in BO Design Studio einfließen. BO Dashboards nutzt den Adobe Flash Player, um visuelle Darstellungen und Dashboards im Internet zu entwickeln. Flash verursacht jedoch bei der Entwicklung von Dashboard-Tools für mobile Geräte häufig Schwierigkeiten. Design Studio verwendet stattdessen HTML5. Damit lassen sich Analyseanwendungen und Dashboards für zahlreiche Datenquellen einfach erstellen, die sich problemlos für Browser oder mobile Geräte anpassen lassen.

Analysis für Office

Um die SAP BusinessObjects Analysis, Edition für Microsoft Office, kurz *Analysis für Office*, zu erstellen, hat SAP NetWeaver-basiertes Reporting mit BEx (Business Explorer) zusammengeführt. Während BEx Funktionen zur Query- und Diagrammerstellung in nativem Microsoft Excel bietet – wobei einige Excel-Funktionen wie das Erstellen von Pivot-Tabellen nicht zur Verfügung stehen –, vereint Analysis für Office noch mehr leistungsstarke Funktionen, einschließlich der Möglichkeiten, Pivot-Tabellen zu erstellen und Microsoft PowerPoint zu integrieren. Analysis für Office wurde außerdem um zusätzliche Formatierungsfunktionen ergänzt, mit denen Sie attraktivere, leicht verständliche Berichte und Dashboards erstellen können (siehe Abbildung 3.5).

Durch die PowerPoint-Integration können Sie Berichte (Tabellen oder Diagramme) in eine Präsentation einfügen, die Sie in jeder Berichtsperiode nur aktualisieren statt neu erstellen müssen (siehe Abbildung 3.6). Mit BEx ließen sich Berichte zwar in eine PowerPoint-Präsentation einfügen, doch müssten Sie diese Arbeit in jeder Berichtsperiode wiederholen. Analysis für Office kann auf bereits vorhandene BEx-Reports zurückgreifen, sodass Ihnen dessen erweiterte Funktionen zur Verfügung stehen, Sie Ihre vorhandenen Berichte aber nicht neu erstellen müssen.

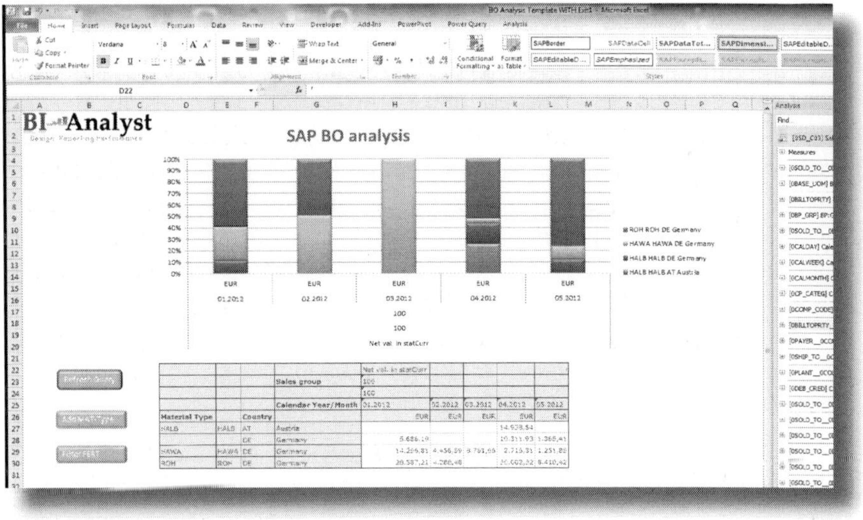

Abbildung 3.5: Analysis für Office in Excel

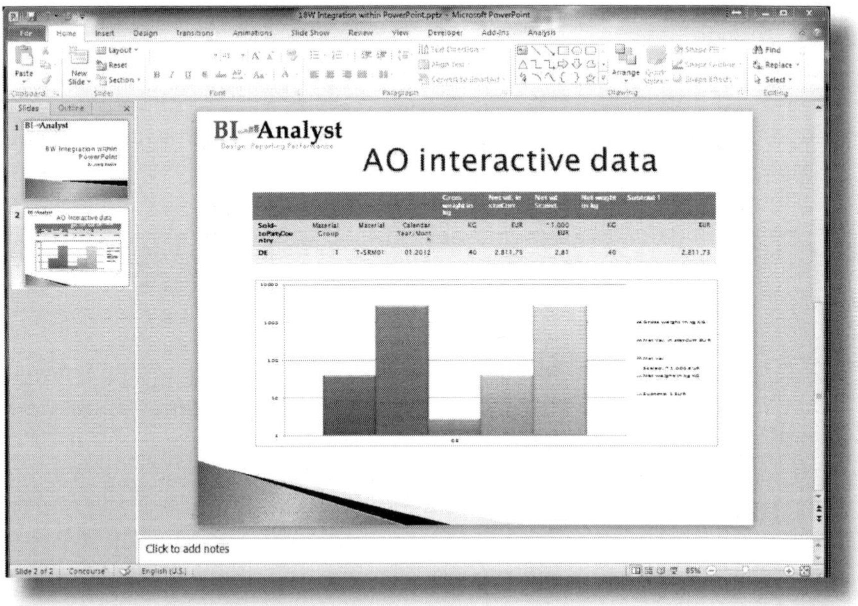

Abbildung 3.6: Analysis für Office in PowerPoint

Lumira

Lumira ist ein Tool für die Datenvisualisierung, mit dem Sie leicht interaktive Karten, Diagramme und Infografiken erstellen können. Lumira ist in der Lage, enorme Datenmengen aus verschiedensten Quellen zu verwalten, einschließlich Excel- oder CSV-Dateien und Daten großer Datenbanken (SAP- und Nicht-SAP-Datenbanken). Lumira stellt Funktionen für Desktop- oder mobile Geräte bereit und bietet dabei eine einheitliche Benutzeroberfläche über verschiedene Plattformen hinweg (ein Beispiel dafür sehen Sie in Abbildung 3.7).

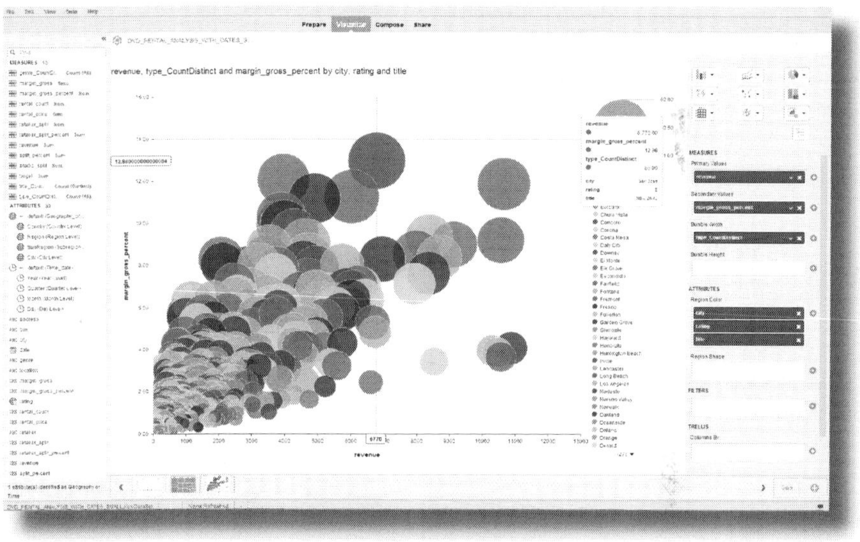

Abbildung 3.7: Lumira-Benutzeroberfläche

Lumira bietet Selfservice-Tools für die Datenvisualisierung und ist mit einer intuitiven Benutzeroberfläche ausgestattet. Zudem erlaubt es über leistungsstärkere Entwickler-Tools das Generieren von Erweiterungen in den Bereichen Visualisierung und Datenzugriff. Viele dieser Erweiterungen werden von der Lumira-Anwender- und -Entwickler-Community entwickelt, die Benutzern die Möglichkeit bietet, ihre Erfahrungen mit anderen außerhalb ihres Unternehmens und über verschiedene Branchen hinweg zu teilen. Beispiele dafür, wie Sie einen Lumira-Bericht für verschiedene Branchen und Informationsquellen anpassen können, sehen Sie in Abbildung 3.8, Abbildung 3.9 und Abbildung 3.10.

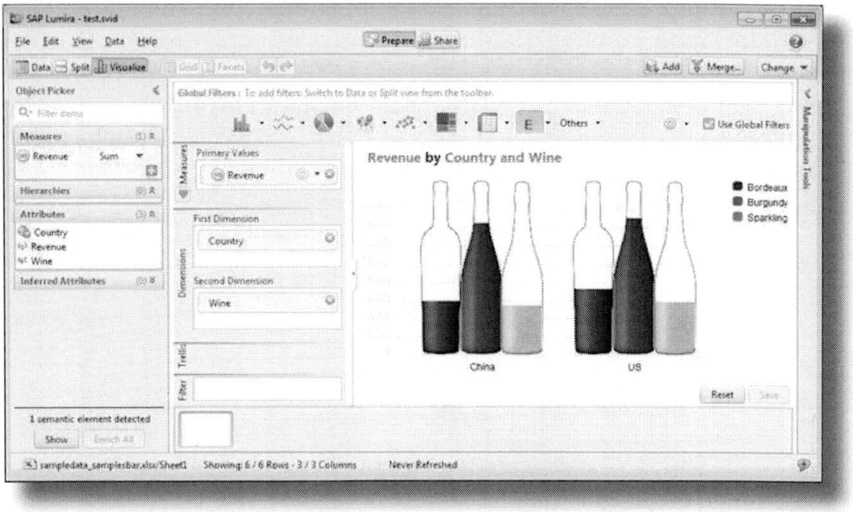

Abbildung 3.8: Erstellen einer benutzerdefinierten Visualisierung in Lumira

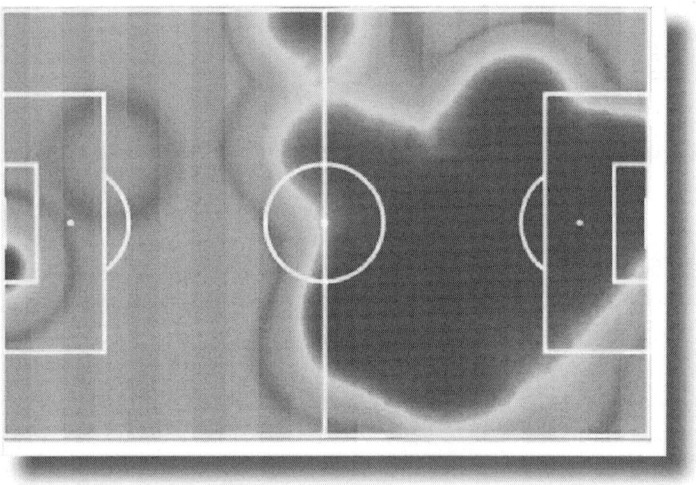

Abbildung 3.9: Benutzerdefinierte Lumira-Visualisierung einer Fußball-Heatmap

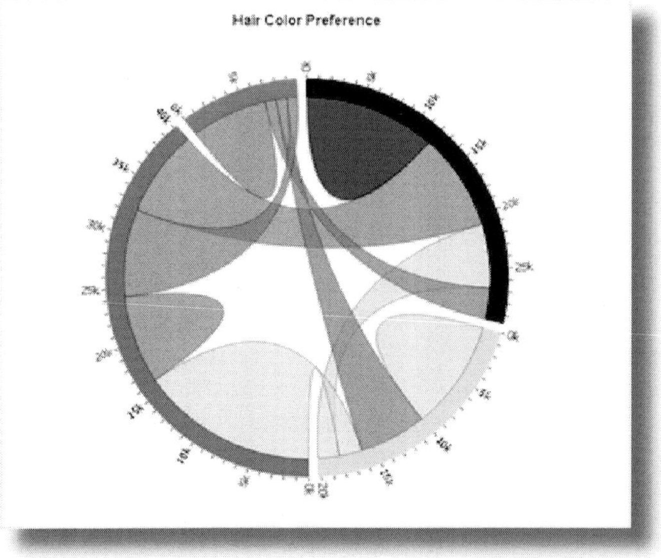

Abbildung 3.10: Benutzerdefinierte Lumira-Visualisierung eines Chord-Diagramms

Lumira-Ressourcen von SAP

Sehen Sie sich die SAP-Website zu Lumira an: *http://go.sap.com/germany/product/analytics/lumira.html.* Unter »Ressourcen und Support von der Community« finden Sie Tutorials, Demos, Veranstaltungen, Webcasts, Benutzerhandbücher und Blogs.

Hier können Sie auch eine Designberatung sowie einen Visualisierungswettbewerb aufrufen.

Enterprise Performance Management (EPM)

Das *Enterprise Performance Management (EPM)* enthält eine Vielzahl von Softwarelösungen, die Sie beim Steuern Ihres Unternehmens unterstützen. Diese Tools sind für die finanzielle Konsolidierung, das Disclosure Management – d. h. das Management von unter die Offenlegungspflicht fallenden Dokumenten –, die Planung, Budgetierung und Prognosen ausgelegt. Sie sollen dabei helfen, Ziele sowie Leistungen zu erfassen, zu messen und die Ergebnisse im gesamten Unternehmen zu kommunizieren.

3.2.3 Business Planning and Consolidation (BPC)

Business Planning and Consolidation (BPC) ist das Ergebnis der Übernahme von OutlookSoft durch SAP im Jahr 2007. BPC bietet benutzerfreundliche Prognose- und Planungs-Tools und kann über ein Excel-Add-in verwendet werden. Dadurch können sich Benutzer direkt mit Quellsystemdaten verbinden und dabei in einem vertrauten Excel-Frontend arbeiten. Diese Vertrautheit und die benutzerfreundliche Oberfläche können helfen, Schulungen zu erleichtern und die Akzeptanz bei Anwendern zu fördern. Zudem erfordert BPC deutlich weniger IT-Management als einige herkömmliche Systeme. Ein Großteil der Administration kann direkt vom Unternehmen übernommen werden, mit geringfügigen Eingriffen seitens der IT. Dies hilft, den Zeit- und Verwaltungsaufwand, der für die Bearbeitung von Änderungen und die alltägliche Administration anfällt, gering zu halten Die Verwaltungskonsole ist webbasiert und zeichnet sich durch eine klar strukturierte und intuitive Benutzeroberfläche aus (siehe Abbildung 3.11).

SAP bietet zwei BPC-Plattformen an: eine Microsoft- und eine NetWeaver-Version. Beide stehen sich in puncto Benutzerfreundlichkeit in nichts nach. Die Unterschiede liegen lediglich in der Backend-Datenbank und der Administration von BPC.

BPC vereint die Funktionen zweier zentraler Prozesse des Finanzwesens in einem einzigen integrierten Tool: finanzielle Konsolidierungen und Finanzplanungen/-prognosen. Die Software automatisiert viele Aufgaben, die im Rahmen des Konsolidierungsprozesses anfallen, etwa Konzernaufrechnungen und Währungsumrechnungen. Für Planungs- und Prognosezwecke können mehrere Versionen verwendet werden, um beispielsweise zwischen Jahresgeschäftsplänen oder Quartalsanpassungen zu differenzieren. Eine Audit-Kontrolle ist ebenfalls verfügbar, damit Aktivitäten im System leichter verfolgt werden können (siehe Abbildung 3.12).

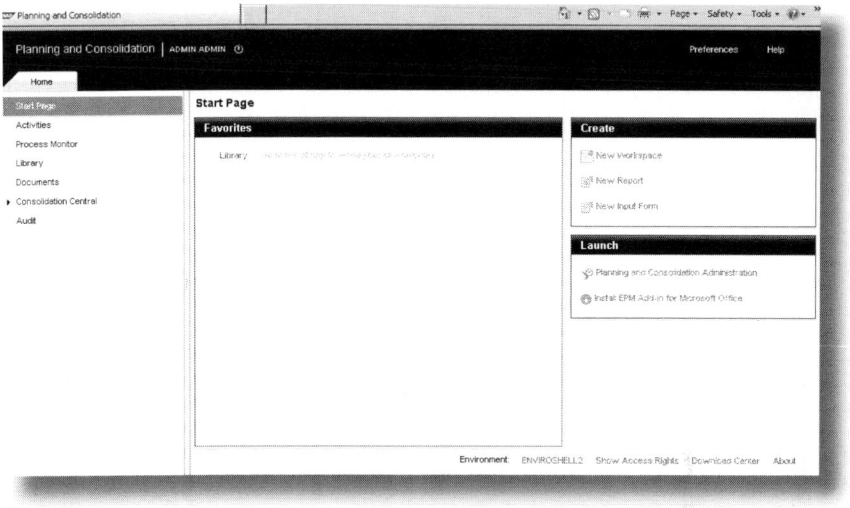

Abbildung 3.11: BPC 10 – webbasierte Administrationskonsole

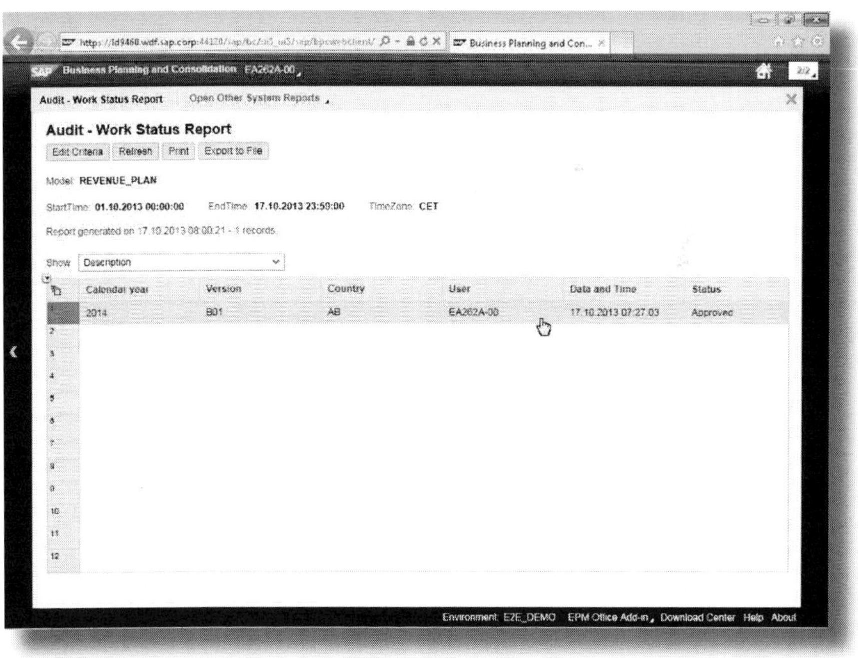

Abbildung 3.12: BPC-Audit-Bericht

3.2.4 Disclosure Management

Das *Disclosure Management* bietet Unterstützung bei der Erstellung, Ablage und Veröffentlichung von Abschlüssen und Berichten. Diese Produkt-Suite unterstützt Unternehmen bei der Automatisierung, Optimierung und Zusammenarbeit im Konzernrechnungslegungsprozess. Sie haben die Möglichkeit, Berichte in zahlreichen Formaten, einschließlich XBRL, zu veröffentlichen und die Einhaltung von Vorgaben durch die IFRS, GAAP und von anderen, länderspezifischen Rechnungslegungsstandards sicherzustellen. Workflows und Versionskontrollen helfen bei der Zuweisung von Verantwortlichkeiten, der Fortschrittsverfolgung und der Validierung von Änderungen.

3.2.5 Profitability and Cost Management

Das *Profitability and Cost Management (PCM)* bietet Tools für eine detaillierte Performance-Analyse. Mithilfe der *Prozesskostenrechnung (PKR)* können Sie Was-wäre-wenn-Szenarien über mehrere Dimensionen und Merkmale hinweg ausführen. Sie erhalten zudem Unterstützung bei der Verfolgung der Rentabilität von Produktlinien oder Kunden und identifizieren, wo Ressourcen besser verwendet werden können.

3.3 Customer Relationship Management (CRM)

Die Software-Suite *Customer Relationship Management (CRM)* konzentriert sich auf alle Bereiche der Kundenbeziehungen und -interaktionen. Die Tools gehen über den typischen Prozess der Auftragsabwicklung hinaus, indem sie Unterstützung in den Bereichen Vertrieb, Marketing, Kundenservice, E-Commerce und soziale Medien bieten und so eine Kundenerfahrung über alle Kanäle hinweg ermöglichen. Viele CRM-Tools von SAP stammen aus der Übernahme von *hybris* im Jahr 2013.

3.3.1 Handel

Die E-Commerce-Tools von SAP umfassen das Omnichannel-Commerce-Management, die Stammdatenverwaltung für den Handel und das Abrechnungs- und Einnahmenmanagement.

Das Paket *Omnichannel-Commerce-Management* hilft bei der Bereitstellung einer einheitlichen und konsistenten Oberfläche über mehrere Kundenzugriffspunkte hinweg, seien diese mobil, Webbrowser, Callcenter oder persönlich. Es kann durch folgende Aspekte zu einer höheren Zufriedenheit bei Kunden verhelfen: Personalisierung, Management von Such- und Akquisitionserfahrungen sowie Bereitstellung flexibler Auftragsabwicklungsmethoden.

Die *Stammdatenverwaltung für den Handel* dient der Verwaltung und Konsolidierung von Produkt-, Marketing- und Kundendaten, die aus verschiedenen Plattformen stammen. So kann sichergestellt werden, dass Ihre Daten über all diese Plattformen hinweg konsistent sind. Sie bietet auch Unterstützung bei der Lokalisierung dieser Datenbestandteile über verschiedene Regionen oder Länder hinweg.

Das *Innovative Abrechnungs- und Einnahmenmanagement* verfügt über eine Funktion zum raschen Ändern von Preisfindungsmodellen, mit der die Transparenz und Planung verbessert werden kann. Es ermöglicht auch, Kunden gezielte Angebote zu unterbreiten und flexible Preisfindungsmodelle zu verwalten.

3.3.2 Marketing

CRM-Marketing umfasst die Tools *Agiles Marketing*, *Einzigartige Kundenerlebnisse* und *Kundenanalyse in Echtzeit*. Sie helfen jeweils beim Verwalten des Marketingprozesses und der Marketingerfahrung. Sie können damit Marketingkampagnen organisieren und Kunden persönlich und gezielt ansprechen. Durch systematische Analysen gewinnen Sie schnell Einblicke in die Aktivitäten und Wünsche von Kunden und können Ihre Marketingpläne auf dieser Grundlage personalisieren. Neben dem personalisierten Marketing können Sie auch soziale Medien nutzen, Erfahrungen webbasiert verwalten sowie Kundentreueprogramme und Prämien verwalten. Mit Echtzeitanalysen lassen sich Daten aus einer Vielzahl von Quellen erfassen. Die daraus gewonnenen Erkenntnisse helfen dabei, Kunden zu analysieren und gezielt anzusprechen.

3.3.3 Vertrieb

Zu den im CRM enthaltenen Vertriebstools zählen die *Steuerung der Vertriebsleistung*, *Kooperative Vertriebsunterstützung*, *Kooperative Angebots- und Auftragsabwicklung* und *Verkauf über Contact Centers*. Diese Tools helfen bei der Steigerung der Verkaufsleistung und geben Vertriebsmitarbeitern die nötigen Hilfsmittel an die Hand. Sie können mit der Vertriebsplanung und -überwachung beginnen, die Vertriebsleistung analysieren, Zusammenarbeit ermöglichen sowie Vertriebsgebiete und Provisionen verwalten. Die Vertriebs-Tools sind auf allen Geräten nutzbar und ermöglichen den Vertriebsmitarbeitern eine ortsunabhängige Arbeit. Ein Beispiel für ein Vertriebsanalyse-Dashboard in CRM sehen Sie in Abbildung 3.13.

Ein weiterer Vorteil der CRM-Vertriebs-Tools ist eine Funktion, mit der Sie intelligente Empfehlungen für Cross-Selling- und Up-Selling-Chancen erhalten – entweder durch ein Callcenter oder persönlich.

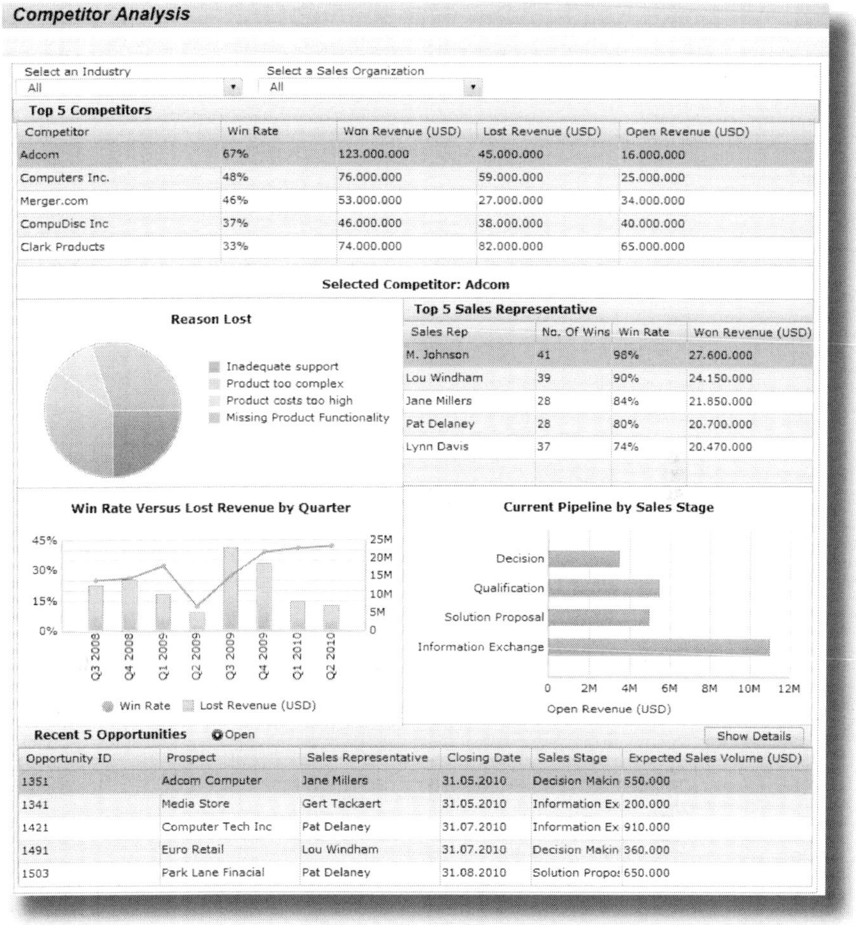

Abbildung 3.13: Vertriebsanalyse-Dashboard in CRM

3.4 Supplier Relationship Management (SRM)

Das *Supplier Relationship Management (SRM*) stellt Tools für das Management von Lieferantenbeziehungen und des Beschaffungsprozesses bereit. Sie können mit SRM Einkaufsprozesse automatisieren, die Compliance durch Einkaufsrichtlinien für die gesamte Organisation sicherstellen und mehr Transparenz in Bezug auf Lieferantenbeziehungen erreichen.

Das SRM bietet außerdem Möglichkeiten zur Optimierung von Beschaffungsprozessen. Durch das automatisierte Finden von Bezugsquellen können Verarbeitungszeiten und Kosten verringert und gleichzeitig Konsistenz und Compliance verbessert werden. Das SRM ermöglicht zudem eine Verbesserung der Kommunikation mit Lieferanten und die Integration in Ihre eigenen Systeme. Da Lieferanten Kataloginformationen verwalten und Preise in Echtzeit zur Verfügung stellen können, werden stets präzise Daten sichergestellt. Darüber hinaus bietet das SRM Vertragstransparenz, indem es Vertragsdaten aus mehreren Systemen und von verschiedenen Standorten kombiniert und konsolidiert.

Neben den betrieblichen Verbesserungen stellt das SRM auch Tools zur Berichterstellung und für Analysen bereit. Dadurch können Sie Optimierungspotenziale in Bezug auf Compliance und Ausgaben insgesamt leichter identifizieren.

3.5 Supply Chain Management (SCM)

Die Software im Bereich *Supply Chain Management (SCM*) unterstützt die Verwaltung aller Logistik-, Beschaffungs- und Produktionsaktivitäten in Ihrem Geschäft. Dazu zählen der Einkauf von Materialien oder Dienstleistungen, die Bestandsverwaltung, Absatzterminierung und Produktionsplanung. Nachfolgend gehen wir auf einige der SCM-Tools etwas näher ein.

3.5.1 Advanced Planning and Optimization (APO)

Das *Advanced Planning and Optimization (APO)* ist ein weiteres Tool, das Sie beim Management Ihrer Lieferkette unterstützt. Es lässt sich in Ihr ERP-System (sei es von SAP oder einem anderen Anbieter) integrieren, verfügt jedoch über mehr Planungsfunktionen als ERP. Es kann automatisch komplexe Variablen wie Rohstoffe, Verfügbarkeit, Produktionsdurchlaufzeit und Kundenbedarf überwachen und so den Produktionsprozess optimieren. Mit APO können Sie parallel Materialien und Kapazitäten planen und die Produktion entsprechend terminieren, anstatt diese Faktoren separat (und häufig manuell) zu verwalten. In Abbildung 3.14 sind Prozessfluss und Integration zwischen dem ERP-System und APO dargestellt.

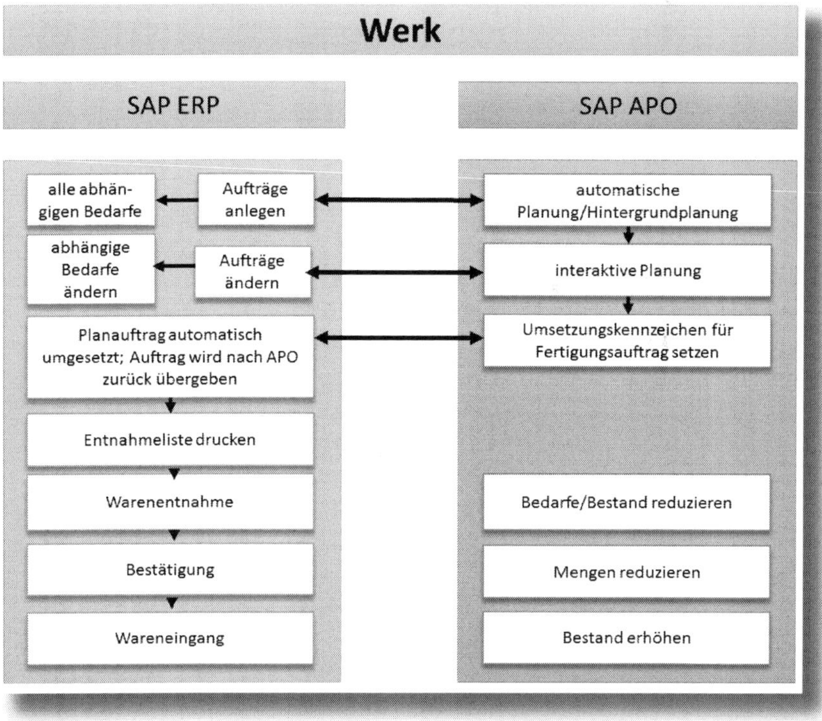

Abbildung 3.14: Prozessfluss und Integration zwischen SAP ERP und APO

3.5.2 Absatz-, Bestands- und Produktionsplanung

Mit den SAP-Funktionen für Bestände, Produktion und Planung lassen sich Absatz und Beschaffung im Gleichgewicht halten und entsprechend planen. Dies kann Ihnen helfen, Bestandsmengen zu optimieren sowie Über- oder Unterdeckungen zu vermeiden. Ein weiterer großer Vorteil ist die Möglichkeit, finanzielle Ziele zu integrieren und an Absatz- und Produktionsziele anzugleichen. So lassen sich Kommunikationsfehler bei der Vorbereitung von Jahresprognosen vermeiden.

Lagerverwaltung

Das *Extended Warehouse Management* wurde zur Optimierung von lager- und absatzrelevanten Vorgängen konzipiert. Mit den Tools des EWMs können Sie Lagerprozesse steuern und Lagerbewegungen verwalten. Zudem helfen sie Ihnen beim Qualitäts-, Sicherheits- und Automatisierungsmanagement.

3.6 Governance, Risk and Compliance (GRC)

Governance, Risk and Compliance (GRC) bietet eine Vielzahl von Tools für den Umgang mit Risiken und Betrug, für interne Kontrollen und Unternehmensführung (Corporate Governance) sowie die Einhaltung gesetzlicher Vorschriften (Compliance). Zu diesen Tools zählen etwa *Access Control* und *Global Trade Services.*

3.6.1 Access Control

In vielen Organisationen werden die Funktionstrennung und interne Kontrollen manuell verwaltet. Die Identifizierung und Behebung von Problemen bei der Funktionstrennung verursacht einen beträchtlichen Aufwand. *Access Control* bietet Tools zur Erstellung von Benutzerzugriffsrollen, um sicherzustellen, dass Benutzer Zugriff auf für sie relevante Informationen und Transaktionen erhalten. Außerdem analysiert es Probleme bei der Funktionstrennung und bietet Raum für die

Dokumentation und Speicherung von Kompensierungsaktivitäten und -hinweisen. Benutzer können über Access Control neue Berechtigungen anfordern, anhand derer Workflows für Genehmigungen und die Bereitstellung von Rollen gesteuert werden können. Ein Beispiel für ein Risikoüberschreitungs-Dashboard sehen Sie in Abbildung 3.15. Dieses zeigt, wo das Unternehmen u. U. potenzielle Kontrollrisiken überprüfen oder kompensieren muss.

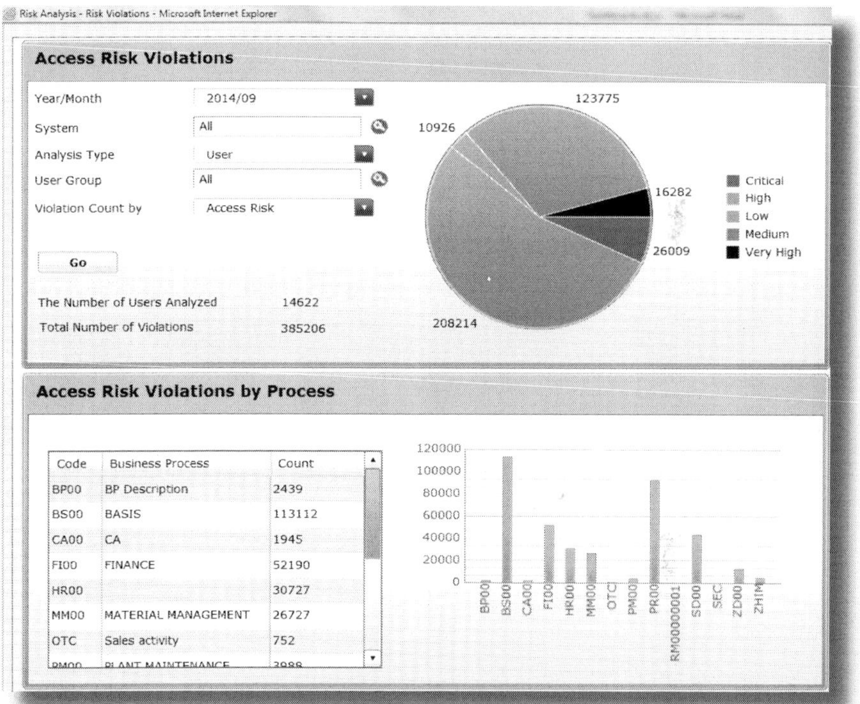

Abbildung 3.15: GRC-Dashboard für Risikoüberschreitungen

3.6.2 Global Trade Services

Der Außenhandel wird für alle Arten von Unternehmen immer wichtiger. *Global Trade Services (GTS)* stellt Tools und Methoden zur Verfügung, mit denen Sie Ihren Außenhandel zentral managen. Es verfügt über eine zentrale Ablage für sämtliche Compliance-relevanten Stammdaten und den zugehörigen Content. GTS bietet Unterstützung bei Importen und Exporten und enthält neue Funktionen für Vertriebs- und Einkaufsprozesse. Die Hauptkomponenten von GTS zeigt Abbildung 3.16.

Abbildung 3.16: SAP-GTS-Komponenten

Mit dem Exportmanagement können Sie Handelsvorschriften und lokale Anforderungen für über 25 Länder abwickeln, ohne diese jeweils einzeln recherchieren und eine Möglichkeit finden zu müssen, die Compliance-Vorschriften einzuhalten. Es unterstützt außerdem die Einhaltung regionaler Compliance-Richtlinien wie die US-amerikanischen Regelungen des internationalen Waffenhandels (ITAR) und das Europäische System zur Kontrolle der Beförderung verbrauchsteuerpflichtiger Waren (EMCS). Indem es nur einen einzigen Ort zum Speichern und Bearbeiten solcher Verfahren gibt, werden Konsistenz sichergestellt und Automatisierung ermöglicht, was ohne ein Tool wie GTS nicht möglich wäre.

GTS lässt sich in SAP ERP oder andere ERP-Systeme integrieren. Sämtliche Außenhandelsvorgänge lassen sich in Echtzeit auf alle relevanten Handelsvorschriften und Sanktionslisten hin prüfen. Wenn ein Vorgang einer Compliance-Prüfung nicht standhält, wird er zur Überprüfung und Korrektur gekennzeichnet. Die Software kann auch automatisch Dokumentation und Informationen an Zollbehörden weiterleiten, wodurch Zollvorgänge beschleunigt werden. Auch die Prüfungen und Validierungen in Echtzeit können Geld und Zeit sparen, da sich durch sie Fehler ausräumen und Prozesse sowie die Erfüllung gesetzlicher Vorgaben optimieren lassen.

3.7 NetWeaver

SAP NetWeaver ist die technische Grundlage für zahlreiche Tools und Software-Angebote der SAP. Die Lösung ermöglicht Zusammenspiel, Bereitstellung und Management von SAP- und Nicht-SAP-Anwendungen über eine heterogene Software-Umgebung hinweg. Es handelt sich dabei um eine offene Technologieplattform mit einem umfangreichen Toolset für die Ausführung und Integration von Geschäftsanwendungen und Daten aus nahezu jeder Quelle oder Technologie.

3.7.1 NetWeaver Portal

Das *SAP NetWeaver Portal* bietet einen einzigen Zugriffspunkt und eine einheitliche Benutzererfahrung für eine Vielzahl von SAP- und Nicht-SAP-Anwendungen, Informationsquellen und Services. Es stellt rollenbasierte Inhalte zur Verfügung und ermöglicht Benutzern, sich genau das anzeigen zu lassen, was für sie und ihre Rolle relevant ist. Administratoren können nach Bedarf den Zugriff auf Informationen einschränken oder auch – ebenso wie Entwickler – das optische Erscheinungsbild des Portals anpassen. Dieses kann mithilfe des *Motiveditors* und durch neue Seitenlayouts den Bedürfnissen eines Unternehmens entsprechend gestaltet werden. Mithilfe seiner umfassenden Funktionen kann das NetWeaver-Portal als eine Art einheitlicher Frontend-Zugriffspunkt für die Systeme und Informationen des Unternehmens oder als Intranet fungieren.

Das NetWeaver Portal enthält darüber hinaus Funktionen zur Erleichterung der Zusammenarbeit. Mit *Enterprise Workspaces* können Anwender Inhalte aus SAP- und Nicht-SAP-Systemen integrieren und organisieren. Diese Workspaces können von Einzelpersonen oder zusammen in einem Team genutzt werden. NetWeaver Portal *Wikis* bieten ein flexibles, benutzerfreundliches Framework, über das Anwender Wissen und Informationen im Kontext von Geschäftsprozessen gemeinsam nutzen können. NetWeaver Portal stellt zudem Foren und Collaboration Rooms zum Austausch bereit. In Abbildung 3.17 sehen Sie ein Beispiel für einen NetWeaver-Portal-Workspace mit personalisiertem Content.

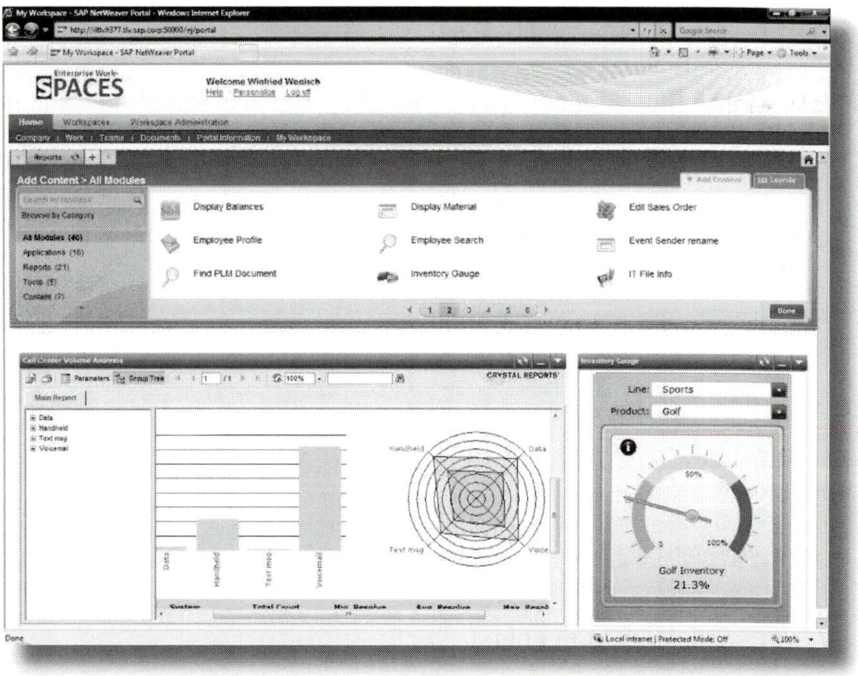

Abbildung 3.17: Persönlicher NetWeaver-Workspace mit Content

3.7.2 NetWeaver Information Lifecycle Management

Das *Information Lifecycle Management* unterstützt Ihr IT-Team bei der Implementierung und dem Betrieb kritischer Geschäftsprozesse und ermöglicht ihm mehr Einflussnahme auf bestehende Technologieinvestitionen. Es bietet Prozesse, Tools, Best Practices und Services für das Management von SAP- und Nicht-SAP-Lösungen über deren gesamten Anwendungslebenszyklus hinweg. Bei SAP-Lösungen kann das Information Lifecycle Management Upgrades oder das Aktivieren Erweiterungspaketen unterstützen. Der *SAP Solution Manager* ist eines der zentralen Tools für die Lebenszyklusverwaltung, mit dem Sie nicht nur Upgrades, sondern auch Änderungsmanagement, Testmanagement, Geschäftsprozessverbesserungen und Systemwartung verwalten können.

3.7.3 Alert-Management-System

Das *Alert-Management-System* übermittelt aktuelle Informationen zu kritischen Prozessen. Führen Sie beispielsweise kritische Hintergrundjobs für Kundenabrechnungen aus, und diese schlagen unbemerkt fehl, könnten u. U. Probleme beim Umsatzausweis und der Finanzberichterstattung auftreten. Wenn Sie das Alert Management einsetzen, können Sie kritische Situationen definieren, für die Sie Alert-Szenarien einrichten, und auswählen, wie der Alert übermittelt werden soll; dies ist per E-Mail, SMS oder über die Alert-Inbox an bestimmte Benutzer oder Gruppen möglich. Die Warnhinweise können für jede SAP-Anwendung angelegt werden. Durch den frühzeitigen Empfang von Alerts zu kritischen Situationen können Benutzer umgehend Maßnahmen ergreifen und so verhindern, dass weitere Probleme auftreten.

3.8 SuccessFactors

Neben dem Kernmodul *Human Capital Management (HCM)* in ERP (vgl. Abschnitt 2.6.3) bietet die SAP auch die umfassende HCM-Software-Suite *SuccessFactors* an. SAP übernahm den Anbieter Cloud-basierter Business Execution Software im Jahr 2012. SuccessFactors bietet strategische Lösungen für alle Anforderungen im Personalwesen, einschließlich HR-Kernbereichen, Lohn- und Gehaltsabrechnung, Talentmanagement, Zeit- und Anwesenheitsmanagement sowie Personaleinsatzplanung und Analysen. Zudem stellt es eine benutzerfreundliche, informative mobile Oberfläche zur Verfügung, über die alle auf das Personal bezogenen Aktivitäten verwaltet werden können (siehe Beispiel in Abbildung 3.18). SuccessFactors ist in über 35 Sprachen verfügbar und kann eingesetzt werden, um Mitarbeiter weltweit umfassend zu managen.

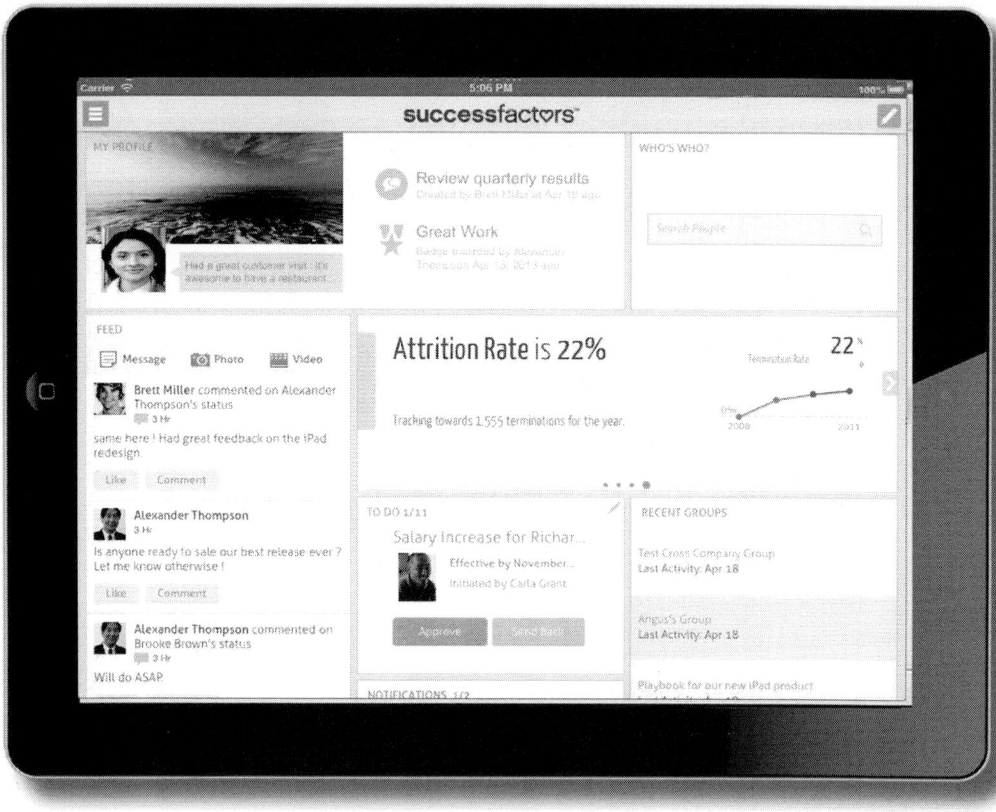

Abbildung 3.18: SuccessFactors-Benutzeroberfläche auf einem iPad

3.8.1 Lösungen für HCM-Kernfunktionen und Lohn- und Gehaltsabrechnung

Eine Komponente der SuccessFactors-HCM-Kernlösungen ist das *Organisationsmanagement*. Diese Funktion soll die Zusammenarbeit unter Mitarbeitern und das Change Management verbessern helfen. Mit dem Organisationsmanagement können Entscheidungen zu organisatorischen Änderungen geplant und getroffen werden. Es bietet darüber hinaus allen Mitarbeitern die Möglichkeit, sich eine detaillierte Darstellung des gesamten Unternehmens (z. B. ein Organigramm) anzeigen zu lassen.

Auch die *Personalverwaltung* ist eine wichtige Komponente. Sie ermöglicht Personalfachleuten, Mitarbeiterdaten darzustellen und zu bearbeiten. In einem benutzerfreundlichen Selfservice-Bereich für Mitarbeiter können diese auf ihre eigenen Daten zugreifen und sie bearbeiten.

Arbeitgeberleistungen und *Lohn- und Gehaltsabrechnung* sind zwei weitere zentrale Funktionsmerkmale von SuccessFactors. Die Lohn- und Gehaltsabrechnung kann unternehmensintern verwaltet und direkt mit allen anderen HR-Funktionen verbunden werden – sowohl im eigenen Land als auch international. Administratoren können Arbeitgeberleistungen, Ansprüche und Berechtigungsregeln konfigurieren und bearbeiten. Mitarbeitern steht eine benutzerfreundliche Oberfläche zur Verfügung, über die sie sich einfach für Leistungspakete registrieren, Ansprüche anmelden, Status verfolgen und Begünstigte aktualisieren können.

3.8.2 Talentmanagement

Das *Talentmanagement* deckt eine Reihe von Aktivitäten ab: vom Recruiting und Onboarding neuer Mitarbeiter über Schulungen und Weiterbildungen bis hin zur Mitarbeiterbindung und Nachfolgeplanung.

Das Recruiting mit SuccessFactors bietet Ihnen die Möglichkeit, mobile Funktionen und soziale Netzwerke zu nutzen, um potenzielle

Kandidaten anzusprechen und zu gewinnen. Sie können auch Analysetools einsetzen, um die Auswirkungen Ihrer Neueinstellungen zu messen und mit den einstellenden Managern in Verbindung zu treten. SuccessFactors bietet außerdem die Möglichkeit, Karriereportale und -startseiten mit einem individuellen Branding zu versehen und die Erfahrungen von Kandidaten, einstellenden Personalfachleuten und Managern zu integrieren. In Abbildung 3.19 sehen Sie ein Beispiel für eine Empfehlungsstartseite.

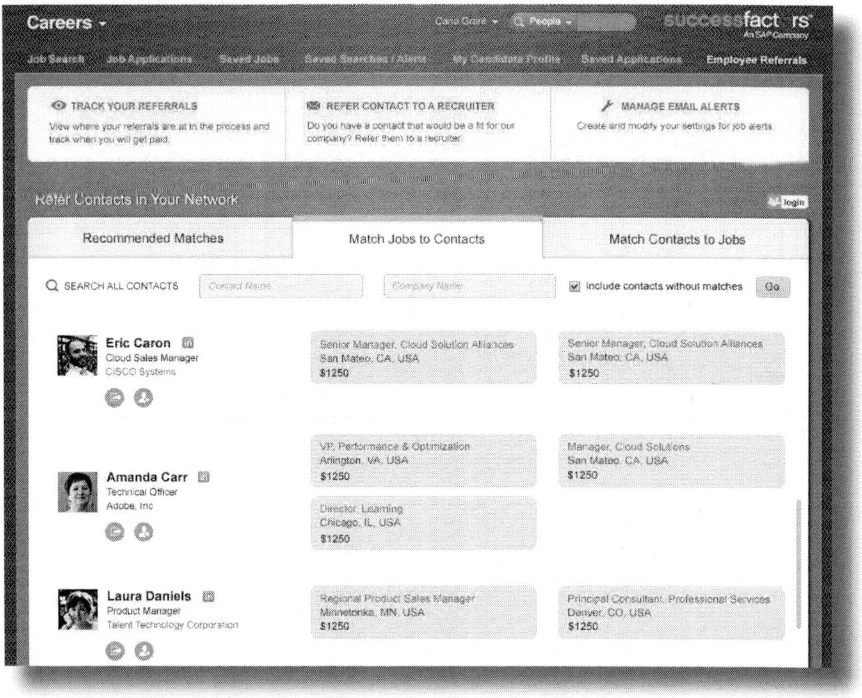

Abbildung 3.19: SuccessFactors-Empfehlungsmanagement

Sobald Sie den passenden Kandidaten eingestellt haben, können Sie das Talentmanagement auch dafür nutzen, den neuen Mitarbeiter schnell zu integrieren, indem Sie alle Prozesse und Formalitäten für ihn optimieren und so anpassen, dass er Bedingungen für einen reibungslosen Start erhält und sofort produktiv arbeiten kann.

Wenn Sie einen neuen Mitarbeiter gefunden haben, möchten Sie in der Lage sein, diesen zu schulen, weiterzuentwickeln und ihn an Ihr Unternehmen zu binden. Mitarbeiter, Manager und Schulungsabteilungen können *SuccessFactors Learning* verwenden, um alle Arten von arbeitsbezogener Weiterbildung zu begleiten und zu verwalten. Sie können mit diesen Tools interne Schulungen, etwa zu Unternehmensethik oder zivilrechtlicher Behandlung, sowie externe Qualifikationen und Zertifizierungen verwalten, was auch bei der Einhaltung rechtlicher Compliance-Standards wie dem Arbeitsschutzgesetz oder HIPAA-Vorschriften (United States Health Insurance Portability and Accountability Act) von Nutzen sein kann. In Abbildung 3.20 sehen Sie ein Beispiel für ein Schulungs-Dashboard eines Mitarbeiters zum Nachverfolgen geplanter Kurse und des Fortschritts.

Abbildung 3.20: SuccessFactors, Learning-Dashboard

Neben den Schulungsmöglichkeiten müssen Mitarbeiter auch Feedback zu ihrer Arbeitsleistung erhalten. Es ist wichtig, Ziele für Mitarbeiter festzulegen, die auf die Unternehmensziele abgestimmt sind und Orientierung sowie Entwicklungsmöglichkeiten bieten. *SuccessFactors Performance & Goals* und *SuccessFactors Succession & Development* stellen hierfür die passenden Tools bereit. Mitarbeiter und Manager können an der Festlegung von Zielen arbeiten und dadurch sicherstellen, dass die Ziele mit den Unternehmens- und strategischen Zielen in Einklang stehen und darüber hinaus gemeinsam den Fortschritt eines Mitarbeiters beim Erreichen dieser Vorhaben verfolgen. Mit den beiden Tools werden Methoden für das Management von formellen Bewertungsgesprächen, 360-Grad-Beurteilungen sowie Feedback- und Coachinggespräche bereitgestellt. Durch die Möglichkeit, Leistung konsistent zu bewerten und einzustufen, können Sie Mitarbeiter mit hohen Leistungen und besonderem Entwicklungspotenzial leichter identifizieren. Die Nachfolgeplanung ist ein weiteres wichtiges Funktionsmerkmal der SuccessFactors-Tools, um das Ausscheiden oder Ersetzen wichtiger Mitarbeiter des Unternehmens einzuplanen.

3.9 Neue Entwicklungstrends

SAP arbeitet kontinuierlich an der Entwicklung neuer Produkte und der Verbesserung vorhandener Tools. Diese Innovationen entstehen durch die Kombination von interner Entwicklung und strategischen Unternehmensübernahmen wie SuccessFactors, BusinessObjects und OutlookSoft. In vielen Fällen ergeben sich zudem Möglichkeiten zur Optimierung aus direkten Nutzerreaktionen. Angesichts des Tempos, mit dem die technologische Entwicklung/Evolution voranschreitet, wird es zum Zeitpunkt, zu dem Sie dieses Buch lesen, vermutlich schon wieder eine Menge weiterer neuer Entwicklungen geben. Dennoch werden wir nun einige der uns bekannten und aktuell verfügbaren Innovationen näher vorstellen.

3.9.1 SAP HANA

SAP HANA ist eine In-Memory-Datenbank und -Anwendungsplattform. In der überwiegenden Zahl der Vorgänge erbringt HANA eine wesentlich schnellere Leistung als herkömmliche Datenbanken. Diesen Vorteil hat HANA primär dem Faktor zu verdanken, dass es sich um eine **spalten**basierte anstelle der bis dato gebräuchlichen **zeilen**basierten Datenbank handelt. Ein weiterer Beschleunigungsfaktor ist das *In-Memory*-Konzept: Alle Daten werden im Hauptspeicher des Servers und nicht mehr auf einer Festplatte bereitgestellt. Zudem wurde die Software dafür optimiert, dass sie moderne Hardware-Architekturen und hier in hohem Maße die Parallelverarbeitung nutzt.

Diese enorme technologische Verbesserung eröffnet völlig neue Perspektiven für die Software-Entwicklung. Vor HANA gab es Einschränkungen in Bezug auf die Datenmenge, die in einem einzigen Vorgang gespeichert oder verarbeitet werden konnte. Wir wissen beispielsweise aus langer Erfahrung, dass es mit der bisher üblichen Datenbanktechnologie einige Zeit in Anspruch nehmen wird, wenn wir versuchen, einen Bericht zu den Bestellungen eines gesamten Geschäftsjahres aufzurufen. Möglicherweise würde die Ausführung zudem nicht fehlerfrei ablaufen, und wir müssten nach Alternativen suchen, wie etwa der Ausführung des Berichtes im Hintergrund, außerhalb der Geschäftszeiten oder in kleineren Teilen. Mit HANA kann die Datenbank so schnell gelesen und verarbeitet werden, dass wir diesen Hindernissen gar nicht erst begegnen. HANA kann wahrhaft Echtzeitanalysen für enorme Datenmengen bereitstellen. Wir sind vollständig in SAP ERP integrierte Daten zwar gewohnt, aber mit HANA können wir diese Daten wesentlich schneller und effizienter analysieren und verwenden als in der Vergangenheit.

Als Vergleich eines spaltenbasierten und eines zeilenbasierten Speichers sehen wir uns das in Abbildung 3.21 gezeigte Beispiel einer Gewinn- und Verlustrechnung an.

Jahr	Periode	Unternehmen	Gewinn	Konto	Betrag
2011	5	DE01	PC1	Warenausgang	€ 1.010,00
2011	5	DE01	PC2	Warenausgang	€ 2.200,00
2011	7	NL02	PC2	Warenausgang	€ 2.500,00
2011	9	NL02	PC2	Betriebsausgaben	€ 800,00
...	...	...	...	...	...

Abbildung 3.21: Beispiel einer Gewinn- und Verlustrechnung

Datentabellen werden in Spalten und Zeilen logisch organisiert. Im Speicher eines Computers müssen die Daten jedoch in eine lineare Darstellung umgewandelt werden. Die meisten herkömmlichen Datenbanken verwenden eine zeilenbasierte Speicherung, während SAP HANA generell eine spaltenbasierte Speicherung nutzt. Die unterschiedlichen Sequenzen für beide Optionen sind in Abbildung 3.22 dargestellt.

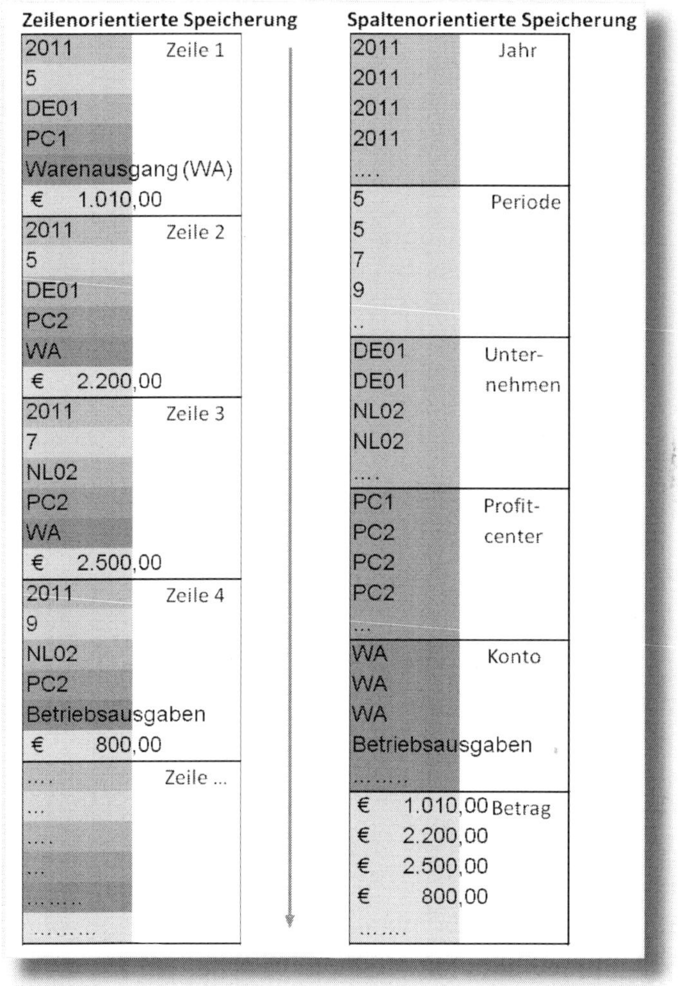

Abbildung 3.22: Datenspeicherung in Zeilen vs. Spalten

Betrachten wir, was geschieht, wenn wir alle Beträge für das Unternehmen `DE01` auswählen:

1. Bei einer **zeilenbasierten** oder zeilenorientierten Speicherung muss die Datenbank Zeile für Zeile alle Datensätze nach dem Unternehmen DE01 durchsuchen. Sofern dies nicht durch einen

Datenbankindex unterstützt wird, muss dazu jeder einzelne Datensatz der Datenbank gelesen werden. Erst wenn dieser mit den Selektionskriterien übereinstimmt, werden die Beträge aggregiert. Ein Datenbankindex ist eine redundante Datenstruktur, die ein schnelles Abrufen bestimmter Spalten einer Datenbanktabelle ermöglicht.

2. Bei einer **spaltenbasierten** Speicherung wird direkt auf die Unternehmensspalte zugegriffen, und die Datenbank ermittelt gezielt, welche Datensätze ausschließlich zum Unternehmen DE01 gehören. Dann aggregiert die Datenbank die entsprechenden Beträge, sodass nur noch zwei Spalten gelesen werden müssen. Die Einträge in den einzelnen Spalten sind nacheinander angeordnet, damit sie effizient in den Cache der CPU übergeben werden können.

Dieses Beispiel soll lediglich die grundlegenden Prinzipien verdeutlichen, die technischen Aspekte bleiben unberücksichtigt. Sie können eine herkömmliche Datenbank natürlich optimieren, indem Sie Spalten, die regelmäßig für Selektionen verwendet werden, einen Index hinzufügen. Bei spaltenorientierter Speicherung kann praktisch jede Spalte effizient für Selektionen verwendet werden. Im Allgemeinen steigen die Vorteile von spaltenbasierter gegenüber zeilenbasierter Speicherung

- bei einer hohen Anzahl von Spalten in der Tabelle,
- bei einer niedrigen Anzahl von zu lesenden oder ausgewählten Spalten,
- bei aggregierenden Funktionen,
- mit einer zunehmenden Anzahl von Datensätzen.

Zusätzlich zur deutlichen Beschleunigung der ERP-Kernfunktionen können Sie auch fast alle anderen SAP-Produkte auf HANA ausführen. Vor dem Aufkommen von HANA mussten Datenübernahmen in Produkte wie Business Warehouse, BusinessObjects und Business Planning and Consolidation durchgeführt werden. Dieser Ladevorgang machte es unmöglich, reale Echtzeitdaten zu erhalten; es gab immer eine gewisse Latenzzeit, während man darauf wartete, dass die Daten in das Berichtssystem geladen oder übertragen wurden. Wenn ERP- und Berichtssysteme auf HANA aufsetzen, können Sie quasi eine umgehende Erstellung von Berichten, Analysen und Dashboards erreichen.

SAP bietet verschiedene Optionen für die Implementierung und Bereitstellung von HANA an. Je nach den geschäftlichen Anforderungen kann HANA in der Cloud, lokal beim Kunden oder in Form eines hybriden Ansatzes eingerichtet werden. Es sind verschiedene Ansätze nutzbar, die Unternehmen sogar testen können, und es werden verschiedene Preisstufen und Geschwindigkeiten der Implementierung zur Auswahl angeboten.

Mit einer derart neuen Entwicklung wie HANA hat SAP zahlreiche Informationen bereitgestellt – nicht nur zu Implementierungsszenarien und -funktionen, sondern auch zur Erstellung des Business Case für diese Investition. Wie bei vielen anderen Anwendungen bietet SAP dazu Roadmaps, FAQ und Implementierungspläne an. Es gibt zahlreiche Möglichkeiten, um mit HANA zu starten. Es kann etwa für einen kleinen Bereich Ihres Unternehmens eingeführt und einer Art »Testlauf« unterzogen werden, anstatt eines »Big-Bang«-Ansatzes, der gleich das gesamte Unternehmen einbezieht.

SAP Journey Maps

SAP bietet für viele neuere Produkte, einschließlich SAP User Experience und HANA, Journey Maps an. Sie finden diese unter *sapjourneymap.com.* Die Maps zeigen fünf einfache Schritte, um den Mehrwert eines Produktes festzustellen: das Erkunden neuer Tools, das Identifizieren eines Business Cases, das Ausprobieren und das Bereitstellen der Lösung sowie die das Look-and-Feel der neuen Funktionen und Leistung.

Für den Einsatz der HANA-Technologie gibt es verschiedene Szenarien. Drei davon seien hier genannt:

1. als Beschleuniger, d. h., SAP HANA dient als sekundäre Datenbank zur Beschleunigung von Berichten und -Transaktionen in SAP ERP;

2. als vergleichendes Auswertungssystem;

3. als primäre Datenbank und Ersatz für Ihre aktuelle relationale Datenbank für Transaktionen und Berichte.

S/4HANA

S/4 HANA ist die SAP Business Suite der nächsten Generation (Abkürzung für SAP Business Suite 4 SAP HANA), mit ähnlich gravierenden Auswirkungen wie der Übergang von R/2 zu R/3. Grundlage der Software ist SAP HANA mit modernen Designprinzipien und Benutzeroberflächen. Sie bietet zudem bemerkenswerte Vereinfachungen und Innovationen. Aufgrund der massiven technologischen Verbesserungen durch HANA kann die Business Suite jetzt zahlreiche Tools und Tabellen kombinieren, die in der Vergangenheit separat gehandhabt werden mussten. Früher wurde eine Integration verschiedener Systeme (z. B. ERP, CRM, SCM) vorgenommen, indem die Daten zwischen verschiedenen Systemen repliziert wurden. Heute können diese alle schnell und einfach auf derselben Datenbank ausgeführt werden. Auf diese Weise lässt sich die Datenmenge eines Unternehmens drastisch reduzieren.

SAP Simple Finance war der erste Schritt der neuen Roadmap von S/4 HANA, die noch viele weitere Innovationen und Vereinfachungen bringen wird. Die früheren Versionen für das Finanzwesen und Controlling im ERP bieten zwar äußerst leistungsstarke Funktionen; diese werden jedoch separat behandelt, einschließlich eigener Transaktionen, Berichte und Tabellen. Die Anzahl der Finanztabellen im ERP-System eines Unternehmens mit unterschiedlichen Belegkopf-, Einzelposten-, Nebenbuch-, Stammdaten- und Summentabellen geht leicht in die Hunderte. Um Berichte oder Vorgänge basierend auf Finanzdaten zu erstellen bzw. durchzuführen, ist es notwendig, Daten aus mehreren Tabellen zu kombinieren (nicht nur aus Finanztabellen, sondern auch denen anderer Module). Dies kann kompliziert sein und erhebliche Auswirkungen auf die Systemperformance haben (siehe Abbildung 3.23). Es gibt zwar Transaktionen und Finanzbuchungen in Echtzeit, jedoch gestalten sich Realtime-Datenanalysen und -Berichterstellungen wesentlich schwieriger. So kann es in ERP mehrere Minuten (oder auch länger) dauern, bestimmte Reports auszuführen, und Analysen in einem BI-System müssen in der Regel warten, bis ein Datenladeprozess ausgeführt wurde, der manchmal über Nacht läuft.

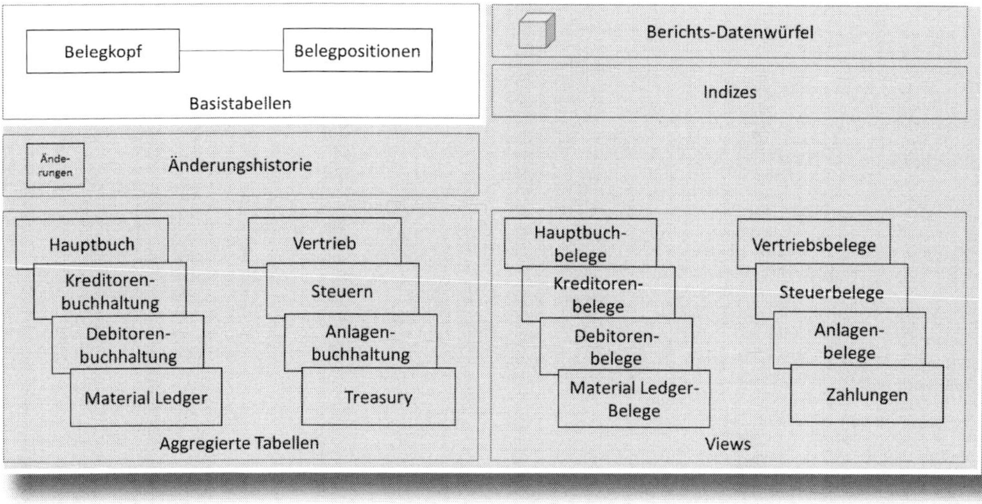

Abbildung 3.23: Aggregieren von Tabellen für die Finanzberichterstattung

In *S/4HANA Finance* wurden die Finanzbuchhaltung und das Controlling kombiniert. Das vereinfacht viele, gelegentlich unübersichtliche Controlling-Konzepte, v. a. Sekundärkostenarten und Abstimmkonten: Sekundärkostenarten wurden hier zu Hauptbuchkonten, und das Abstimmkonto wird gar nicht mehr benötigt. Durch die Reduzierung eines Großteils der Tabellen, die vor der Innovation durch HANA erforderlich waren, können Unternehmen den Umfang ihrer Datenbanken drastisch verringern.

3.9.2 Benutzeroberflächen-Technologie

Beim SAP-ERP-Standard denken viele zunächst an die Fülle der hier verfügbaren Informationen. Als ein Beispiel dafür sei der Materialstamm genannt: Um zu dessen Anzeige zu gelangen, können wir durch mehrere Ebenen des Hauptmenüpfads navigieren (siehe Abbildung 3.24).

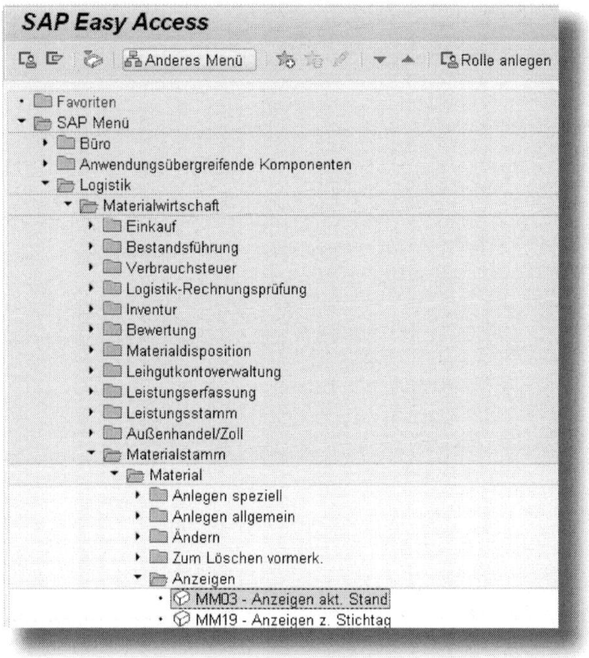

Abbildung 3.24: Menünavigation zur Materialstammanzeige

Befindet man sich dann in der Transaktion der Materialstammanzeige, stehen 25 weitere, unterschiedliche Ansichten zur Verfügung, die jeweils mehrere Felder für verschiedene Informationen zu diesem Material (siehe Abbildung 3.25) enthalten. Selbst sehr erfahrene Benutzer wissen nicht, wofür all diese Felder und Einstellungen gebraucht werden. Die meisten Unternehmen verwenden nicht alle verfügbaren Felder und Sichten. All das mag recht komplex erscheinen, aber genau das macht SAP auch so flexibel und nützlich für so viele Branchen und Länder.

Abbildung 3.25: Materialstammsichten

SAP-Tools sind extrem leistungsstark, können aber – v. a. für neue Anwender – sehr komplex sein. Die Benutzeroberflächen wurden im Laufe der Jahre häufig überarbeitet, und die neuesten Entwicklungen bieten mehr Optionen für deren Vereinfachung und Anpassung an die geschäftlichen und Benutzeranforderungen. Zwei der neuen Methoden zur Verbesserung der Benutzeroberflächen sind *SAP Fiori* und *SAP Screen Personas*.

SAP Fiori

SAP Fiori bietet eine personalisierte, rollenbasierte Benutzeroberfläche für SAP-Software. Fiori haben wir im Abschnitt 2.1.5 bereits kurz angesprochen und möchten nun näher darauf eingehen. Durch die modernen Design-Prinzipien vereinfacht es die UX über alle Geschäftsbereiche, Aufgaben und Geräte hinweg. Einige neue Lösungen wie

SAP Simple Finance wurden von Grund auf mit SAP Fiori konzipiert. SAP stellt eine umfassende Bibliothek von Fiori-Apps zur Verfügung, die so flexibel sind, dass Sie diese auf verschiedenen Browsern oder mobilen Geräten nutzen können. Alternativ können Sie auch eigene Apps gestalten.

SAP Fiori verfügt über drei »integrierte« Typen von Anwendungen:

- *Transaktionale Anwendungen*: Damit können Benutzer transaktionale Aufgaben durchführen, also Daten erfassen oder verändern.
- *Infoblätter*: Diese Anwendungen zeigen Kontextinformationen und wichtige Fakten an.
- *Analytische Apps*: Sie bieten dem Benutzer Einblicke in betriebliche Vorgänge.

SAP-Fiori-Apps sind für alle Arten von Branchen, Geschäftsbereichen, Rollen, Modulen usw. verfügbar. In der Referenzbibliothek für SAP-Fiori-Apps können Sie die verfügbaren Anwendungen nach Kategorien durchsuchen (siehe Abbildung 3.26). Hier werden auch die Voraussetzungen erläutert, die für eine Implementierung der einzelnen Apps erfüllt sein müssen, z. B. Softwarepaket, Erweiterungspaketversion und Datenbankanforderungen.

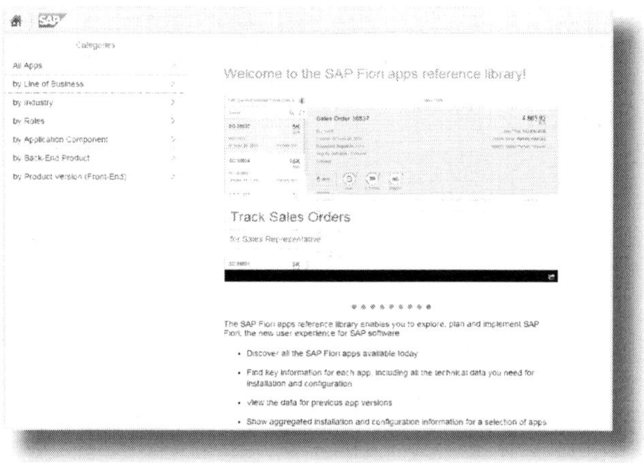

Abbildung 3.26: Referenzbibliothek für SAP-Fiori-Apps

Gehen wir noch einmal zurück zu unserem Materialstamm: In Abbildung 3.27 sehen Sie ein Beispiel der Materialanwendung in SAP Fiori. Diese App ist vom Typ »Infoblatt« und zeigt Informationen zum ausgewählten Material. Sie sehen, dass die Sicht der Materialstammdaten aus dem ERP-Materialstamm stark vereinfacht und mehrere Sichten und Felder auf ein einziges Bild reduziert wurden.

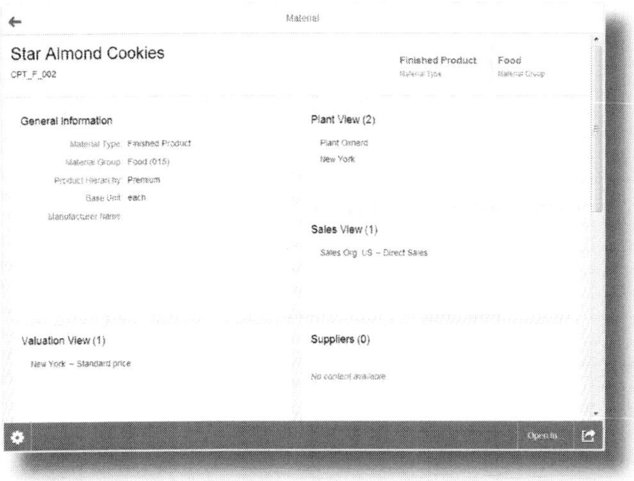

Abbildung 3.27: SAP-Fiori-App – Material-Infoblatt

Ein weiteres Beispiel einer Transaktion, die für einige Unternehmen und Benutzer komplexer als nötig ist, ist das Anlegen eines Kundenauftrags. In der ERP-Transaktion `VA01` (Kundenauftrag anlegen) stehen dem Benutzer wieder zahlreiche Buttons, Registerkarten und Felder zum Ausfüllen zur Verfügung (siehe Abbildung 3.28). Viele dieser Felder sind für ein bestimmtes Geschäftsszenario möglicherweise gar nicht relevant. Auch in diesem Fall lässt sich mit der transaktionalen SAP-Fiori-App zum Anlegen von Kundenaufträgen die Darstellung auf ein bis zwei Bilder vereinfachen (siehe Abbildung 3.29 und Abbildung 3.30 als Beispiel). Diese transaktionale Anwendung umfasst Funktionen wie das Durchsuchen von Kundenaufträgen, das Bestellen von Produkten durch Auswählen aus dem Materialstamm oder das Prüfen von Kundenpreisen und Produktverfügbarkeiten.

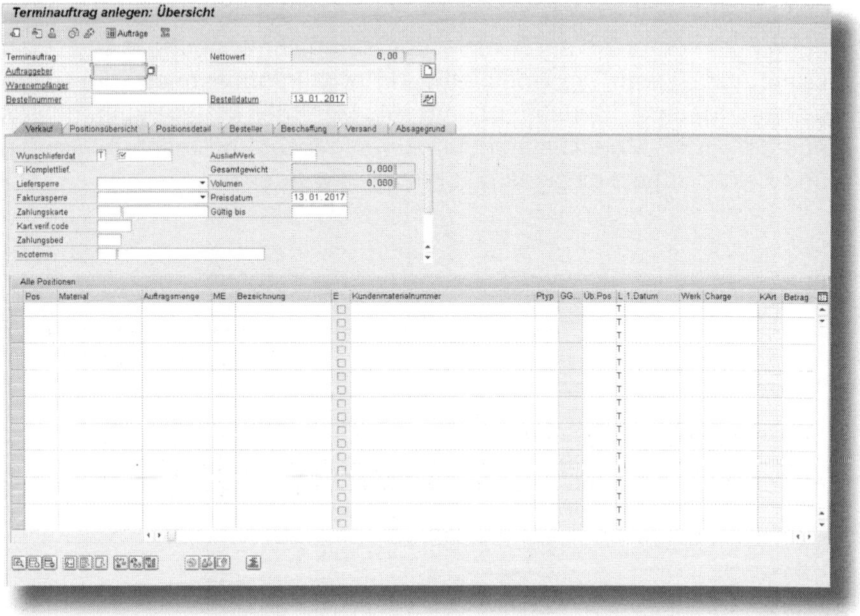

Abbildung 3.28: Anlegen eines Kundenauftrags in ERP

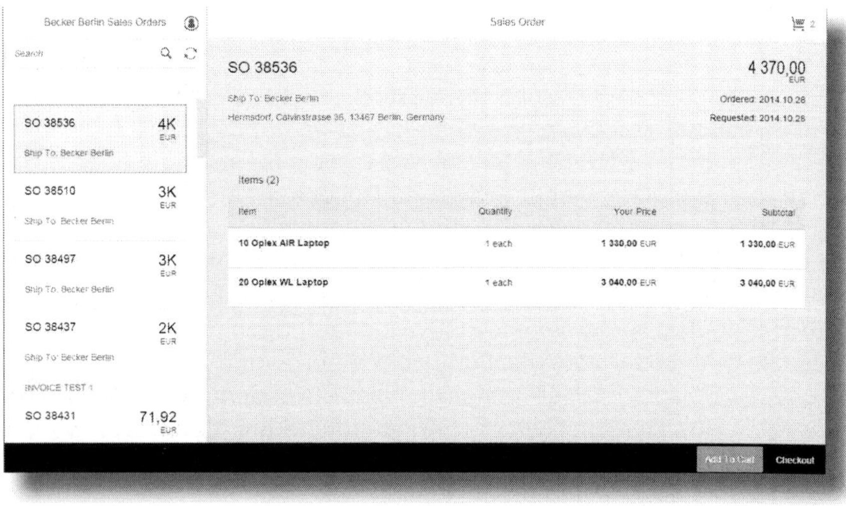

Abbildung 3.29: Fiori-App zum Anlegen eines Kundenauftrags (1)

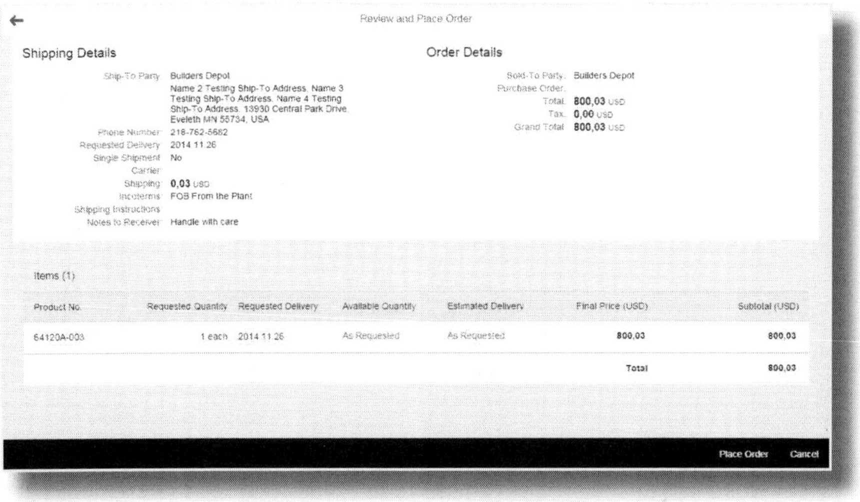

Abbildung 3.30: Fiori-App zum Anlegen eines Kundenauftrags (2)

Wie bei SAP HANA bietet SAP auch Roadmaps und Value Maps für die Implementierung von SAP Fiori.

SAP Screen Personas

SAP Screen Personas ermöglicht es Unternehmen, mithilfe personalisierter SAP-Bildschirme die Produktivität ihrer Anwender zu verbessern. Diese können nun nicht benötigte Felder entfernen, Felder für freie Texteingabe in Drop-down-Listen umwandeln, Informationen aus mehreren Registerkarten oder Transaktionen zusammenfassen und wiederkehrende Tastaturkombinationen automatisieren. Außerdem haben sie die Möglichkeit, SAP Screen Personas mit SAP-Fiori-Apps zu kombinieren, um Anwendungen weiter zu vereinfachen und anzupassen. SAP Screen Personas können SAP Fiori ergänzen: Mithilfe von SAP Screen Personas können Sie dafür sorgen, dass ERP-Transaktionen wie SAP-Fiori-Apps aussehen. Ein Beispiel für die Anpassung des Bildes *Rückmeldung zum Instandhaltungs-Auftrag erfassen* mit SAP Screen Personas sehen Sie in Abbildung 3.31 (vorher) und Abbildung 3.32 (nachher).

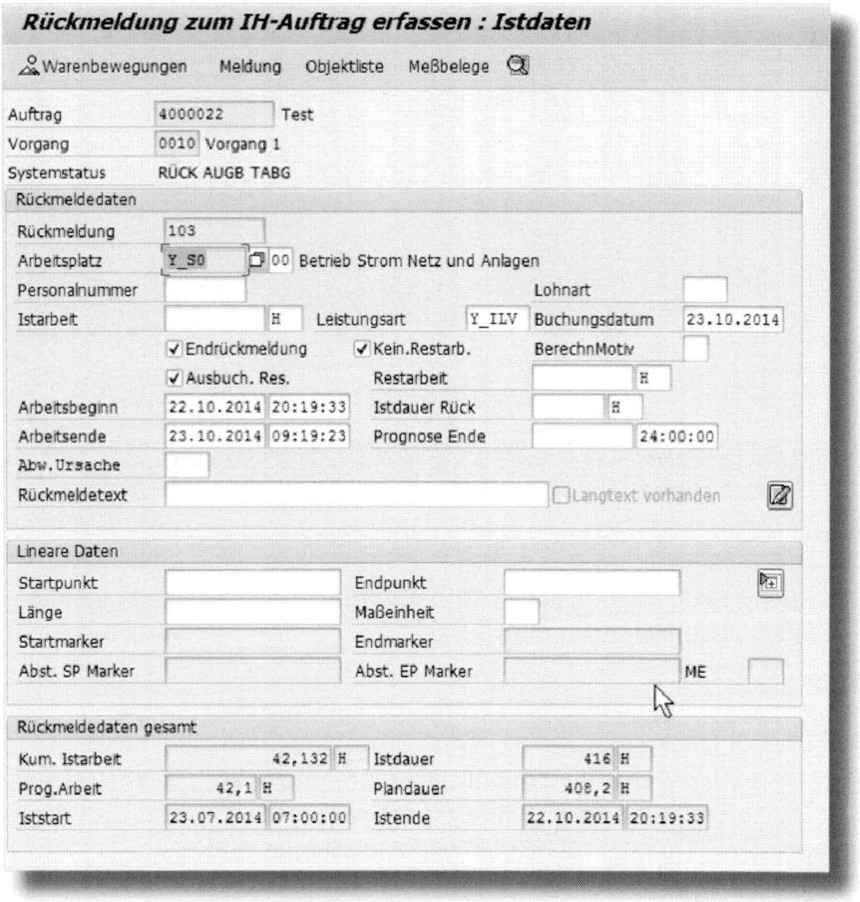

Abbildung 3.31: Rückmeldung zum Instandhaltungs-Auftrag vor der Anpassung mit SAP Screen Personas

Abbildung 3.32: Rückmeldung zum Instandhaltungs-Auftrag nach der Anpassung mit SAP Screen Personas

Personalisierungen, die mit SAP Screen Personas vorgenommen wurden, bezeichnet SAP als *Flavors*. Ein Flavor ist immer mit einer bestimmten SAP-Transaktion verknüpft; eine SAP-Transaktion kann allerdings mehrere Flavors haben. Um eine bestimmte SAP-Transaktion zu personalisieren, können Sie einen beliebigen Flavor auswählen. In der dazugehörigen Galerie sind alle verfügbaren Flavors für verschiedene Transaktionen definiert. Wenn sich ein Benutzer mithilfe von Personas an der SAP GUI anmeldet, wird das Launchpad angezeigt, das Links zu häufig genutzten Transaktionen oder Flavors enthält. Diese Links werden als anklickbare Kacheln angezeigt (siehe Abbildung 3.33).

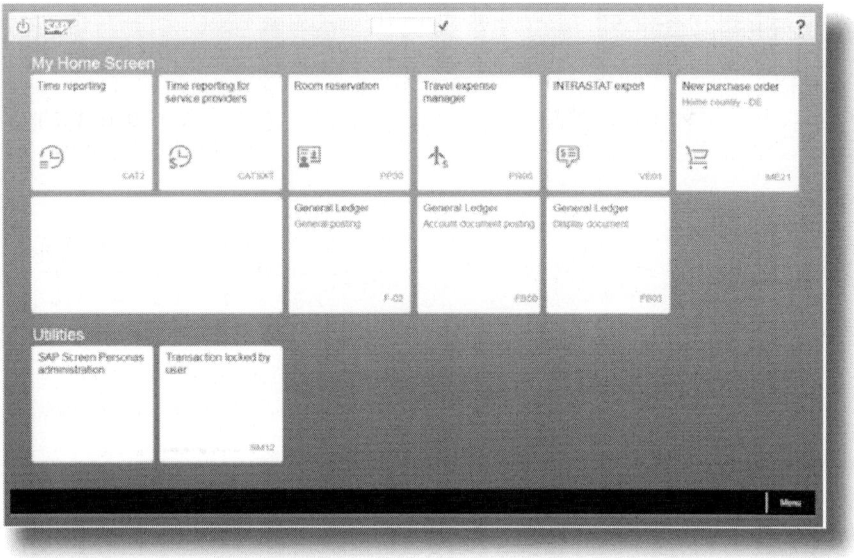

Abbildung 3.33: Launchpad von SAP Screen Personas

NetWeaver Business Client

Der *SAP NetWeaver Business Client (NWBC)* ist ein umfangreicher UI-Client, der einen einzigen Einstiegspunkt für alle SAP-Anwendungen bietet. Er zielt darauf ab, die Benutzererfahrung über verschiedene UI-Technologien hinweg zu harmonisieren. Anfänglich wurde er für die ausschließliche Verwendung mit SAP Business ByDesign entwickelt, in späteren Versionen jedoch auf alle SAP-Geschäftsbereiche erweitert. NWBC kann zusammen mit SAP Screen Personas eingesetzt werden, um eine kundenspezifische Oberfläche für Ihre Anwender zu erstellen.

Das NWBC-Frontend besteht aus verschiedenen Elementen, wie Sie in Abbildung 3.34 sehen können. Die *Shell* enthält die Navigationssteuerung, und im *Canvas* wird der Inhalt der aktuell verwendeten Geschäftsanwendung angezeigt.

In der Shell finden Sie ganz oben eine Navigationsleiste ❶ (siehe Abbildung 3.35). Die hier verfügbaren Einträge stehen direkt mit den

Rollen in Verbindung, die Ihrem Benutzer zugewiesen sind. Das bedeutet, dass nur die Transaktionen angezeigt werden, für die Sie über entsprechende Berechtigungen verfügen. In der klassischen SAP GUI wird hingegen die gesamte Menüstruktur angezeigt. Die einzelnen Rollen enthalten eine Reihe von Transaktionen, die in der Navigationsleiste auf der linken Seite aufgeführt werden ❷.

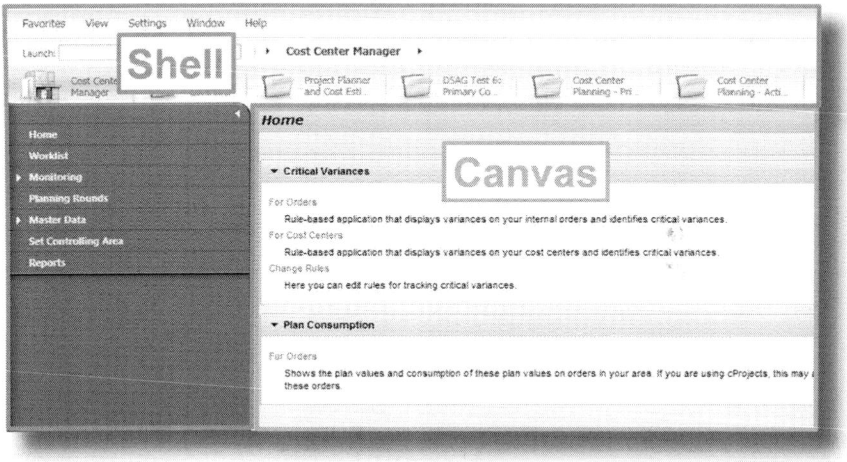

Abbildung 3.34: Navigationsbereich des NetWeaver Business Clients

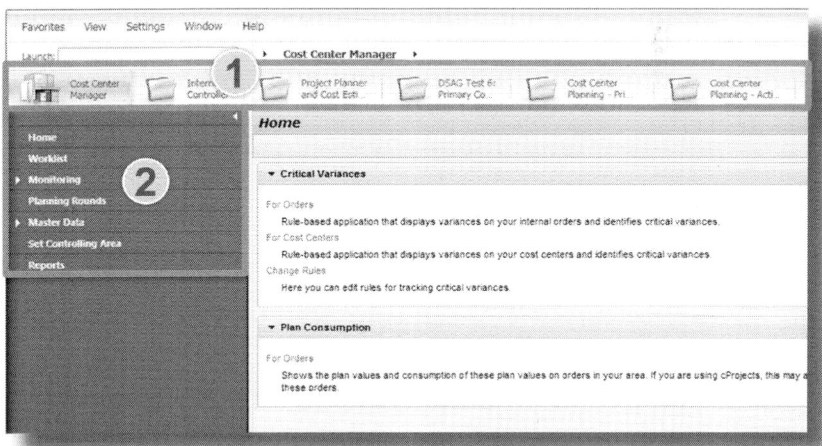

Abbildung 3.35: Navigationsbereich des NetWeaver Business Client

Wir sind nun am Ende unserer Einführung in SAP angelangt. Im folgenden Fazit fassen wir die einzelnen Kapitel noch einmal zusammen.

4 Fazit

Im Verlauf dieses Buchs haben wir Ihnen die wichtigsten Konzepte von ERP-Systemen im Allgemeinen und der SAP-Software im Speziellen vorgestellt. Sie haben gelernt, dass sich hinter dem Begriff »SAP« nicht nur ein System verbirgt, sondern auch ein umfangreiches Portfolio verschiedenster Produkte des größten europäischen Software-Herstellers. Wenn Sie zum ersten Mal mit SAP-Software in Berührung kommen, wird dies aber mit sehr hoher Wahrscheinlichkeit SAP ERP sein, das am weitesten verbreitete System. Deshalb haben wir diesem Produkt einen großen Teil dieses Buches gewidmet, um Sie mit der Handhabung etwas vertrauter zu machen.

Sie haben aber auch gelernt, dass es um das ERP herum eine ganze Reihe von Anwendungen gibt, die Ihr Unternehmen vielleicht auch einsetzt. Wir hoffen, dass Sie durch unser Buch eine Orientierung bekommen haben, was sich hinter all den Buchstabenkürzeln verbirgt, und welchen Zweck all die anderen Systeme haben.

Zum Schluss haben wir Ihnen mit SAP HANA und SAP Fiori die beiden wichtigsten Innovationen vorgestellt, die SAP in der letzten Zeit hervorgebracht hat. Getrieben durch HANA, wird sich in den nächsten Jahren die ERP-Funktionalität, die in S/4HANA aufgegangen ist, deutlicher ändern, als dies in den letzten zehn Jahren der Fall war. Für Sie als Anwender wird aber v. a. Fiori große Änderungen mit sich bringen, da sich die Benutzeroberfläche radikal ändert. Wenn Sie bereits mit dem SAP GUI vertraut sind, werden Sie möglicherweise eine Weile benötigen, bis Sie sich in Fiori sicher bewegen können. Auch wir waren anfangs skeptisch, ob wir jetzt alles neu lernen müssten. Nach einiger Zeit sind wir jedoch zu der Überzeugung gekommen, dass die neue Oberfläche wesentlich benutzerfreundlicher und leistungsfähiger ist als die alte.

Wir wünschen Ihnen viel Erfolg beim Einstieg in die Welt von SAP – und falls Sie noch mehr über diese Software erfahren möchten, werfen Sie doch vielleicht einen Blick in den Rest der Bücher von Espresso Tutorials!

Wir hoffen, dass Ihnen dieses Tutorial gefallen hat und dass Sie es nützlich finden. Sollten Sie Fragen, Anmerkungen oder ein Anliegen zu diesem Buch haben, können Sie sich gern über *info@espresso-tutorials.com* an uns wenden.

Martin Munzel Sydnie McConnell

A Die Autoren

Martin Munzel ist seit mehr als 18 Jahren im SAP-Umfeld tätig und hat in verschiedenen Positionen als Berater und Inhouse-Berater einen breiten praktischen Erfahrungsschatz erworben. Er hat erfolgreich SAP-Projekte in Europa, Asien und Nordamerika durchgeführt und hält regelmäßig Vorträge bei internationalen SAP-Konferenzen. Martin Munzel ist Mitgründer und Geschäftsführer von Espresso Tutorials, einem jungen Verlag für SAP-Fachbücher. Vor seiner beruflichen Laufbahn studierte er Betriebswirtschaftslehre und Wirtschaftsinformatik in Göttingen, Paderborn und Nottingham.

Sydnie McConnell leitet das SAP-Inhouse-Beratungsteam bei einem global operierenden Industrieunternehmen in Colorado, USA. Sie verfügt über mehr als 17 Jahre Erfahrung mit SAP FI/CO, sowohl als Anwenderin als auch als Inhouse-Beraterin. Ihr fachlicher Schwerpunkt liegt auf SAP Controlling, insbesondere Produktkostencontrolling und Ergebnisrechnung. Sydnie McConnell hat an einer Vielzahl von komplexen Projekten mitgearbeitet, inklusive mehrerer globaler Einführungen von SAP ERP und BPC sowie der Zusammenführung von mehreren ERP-Systemen in ein zentrales.

B Index

A

B

C

D

E

F

G

H

I

J

K

X

Z

C Disclaimer

Die in diesem Werk wiedergegebenen Gebrauchsnamen, Handelsnamen, Warenbezeichnungen usw. können auch ohne besondere Kennzeichnung Marken sein und als solche den gesetzlichen Bestimmungen unterliegen. Sämtliche in diesem Werk abgedruckten Bildschirmabzüge unterliegen dem Urheberrecht der SAP SE, Dietmar-Hopp-Allee 16, 69190 Walldorf.

In dieser Publikation wird auf Produkte der SAP SE Bezug genommen. SAP, R/3, SAP NetWeaver, Duet, PartnerEdge, ByDesign, SAP BusinessObjects Explorer, StreamWork und weitere im Text erwähnte SAP-Produkte und Dienstleistungen sowie die entsprechenden Logos sind Marken oder eingetragene Marken der SAP SE in Deutschland und anderen Ländern. Business Objects und das Business-Objects-Logo, BusinessObjects, Crystal Reports, Crystal Decisions, Web Intelligence, Xcelsius und andere im Text erwähnte Business-Objects-Produkte und Dienstleistungen sowie die entsprechenden Logos sind Marken oder eingetragene Marken der Business Objects Software Ltd. Business Objects ist ein Unternehmen der SAP SE. Sybase und Adaptive Server, iAnywhere, Sybase 365, SQL Anywhere und weitere im Text erwähnte Sybase-Produkte und -Dienstleistungen sowie die entsprechenden Logos sind Marken oder eingetragene Marken der Sybase Inc. Sybase ist ein Unternehmen der SAP SE. Alle anderen Namen von Produkten und Dienstleistungen sind Marken der jeweiligen Firmen. Die Angaben im Text sind unverbindlich und dienen lediglich zu Informationszwecken. Produkte können länderspezifische Unterschiede aufweisen.

Der SAP-Konzern übernimmt keinerlei Haftung oder Garantie für Fehler oder Unvollständigkeiten in dieser Publikation. Der SAP-Konzern steht lediglich für Produkte und Dienstleistungen nach der Maßgabe ein, die in der Vereinbarung über die jeweiligen Produkte und Dienstleistungen ausdrücklich geregelt ist. Aus den in dieser Publikation enthaltenen Informationen ergibt sich keine weiterführende Haftung.